机电专业新技术普及丛书

触摸屏实用技术（西门子）

主　编　王　建　徐洪亮
副主编　李　瑄　李　伟　孙　胜
　　　　王春晖　郝新虎
参　编　孙怀荣　卢梓江　肖海梅　宋永昌
　　　　施利春　张　凯　寇　爽
主　审　张　宏
参　审　李迎波

机械工业出版社

本书根据企业实际生产需要，结合典型项目详细介绍了西门子触摸屏的实用技术，且实例设计紧密联系生产一线。本书主要内容包括：触摸屏的基础知识，触摸屏编程软件的使用，触摸屏、PLC 及变频器的通信连接，触摸屏的综合运用。

本书内容取材于生产一线，实用性强，可作为机电专业新技术普及用书，也可作为企业培训部门、职业技能鉴定培训机构的教材，也可作为从事触摸屏应用及开发的工程技术人员的参考书，还可作为有关人员自学。

图书在版编目（CIP）数据

触摸屏实用技术：西门子 / 王建，徐洪亮主编. —北京：机械工业出版社，2012.6（2017.6 重印）

（机电专业新技术普及丛书）

ISBN 978-7-111-38090-0

Ⅰ．①触… Ⅱ．①王…②徐… Ⅲ．①触摸屏 Ⅳ．①TP334.1

中国版本图书馆 CIP 数据核字（2012）第 074802 号

机械工业出版社（北京市百万庄大街 22 号　邮政编码 100037）
策划编辑：朱　华　责任编辑：林运鑫
版式设计：刘怡丹　责任校对：赵　蕊
封面设计：路恩中　责任印制：李　洋
北京振兴源印务有限公司印刷
2017 年 6 月第 1 版·第 3 次印刷
184mm×260mm·9.75 印张·239 千字
4501—6400 册
标准书号：ISBN 978-7-111-38090-0
定价：29.80 元

丛书编委会

主　任：王　建

副主任：楼一光　雷云涛　李　伟　王小涓

委　员：张　宏　王智广　李　明　王　灿　伊洪彬　徐洪亮

　　　　施利春　杜艳丽　李华雄　焦立卓　吴长有　李红波

　　　　何宏伟　张　桦

前言

FOREWORD

随着经济全球化进程的不断深入，发达国家的制造能力加速向发展中国家转移，我国已成为全球的加工制造基地，这就凸显了我国高技能型人才严重短缺的现实问题，特别是对掌握数控加工技术以及自动化新技术的人员的需求变得越来越多，而很多工人碍于条件，无法到学校接受系统的数控加工技术以及自动化新技术的职业教育。此外，对于离开校园数年虽有一定工作经验的人员，但还需要进行充电，以适应新技术的发展需要。

为解决上述矛盾，丛书编委会组织一批学术水平高、经验丰富、实践能力强的企业、行业一线专家在充分调研的基础上，结合企业实际需要，共同研究培训目标，编写了这套机电专业新技术普及丛书。

本套丛书的编写特色有：

1. 坚持"以技能为核心，面向青年工人的继续充电、继续提高"为培养方针，普及企业和技术工人急需的高新技术，加快高技能人才的培养，更好地满足企业的用人需求。

2. 更注重实际工作能力和动手技能的培养，内容贴近生产岗位，注重实用，力图实现培训的"短、平、快"，使学员经过培训后即能胜任本岗位的工作。

3. 编写内容充分体现一个"新"字，即充分反映新知识、新技术、新工艺和新设备，紧跟科技发展的潮流，具有先进性和前瞻性。

4. 编写内容以解决实际问题为切入点，尽量采用以图代文、以表代文的编写形式，最大限度降低学员的学习难度，提高读者的学习兴趣。

本套丛书涉及数控技术和电气技术两大领域，是面向有志于学习数控加工、机电一体化以及自动控制实用技术的，并从事过相关工作的技术工人的培训用书，也适合有一定经验的工人进行自学或转岗培训之用。

我们希望这套丛书能成为读者的良师益友，能为读者提供有益的帮助！

由于时间和水平有限，书中难免存在不足之处，敬请广大读者批评指正。

编　者

目录
CONTENT

前言

1　第一章　触摸屏的基础知识

1　第一节　触摸屏概述

8　第二节　触摸屏及编程软件的安装

10　第三节　触摸屏的基本操作

14　第二章　触摸屏编程软件的使用

14　第一节　触摸屏编程软件的配置与工具

17　第二节　触摸屏编程软件模板的操作

20　第三节　显示屏幕的创建

31　第四节　数据的上传和下载

35　第三章　触摸屏、PLC 及变频器的通信连接

35　第一节　触摸屏与 PLC 的通信连接

39　第二节　触摸屏与变频器的通信连接

41　第三节　PLC 与变频器的通信连接

48　第四章　触摸屏的综合运用

48　第一节　用触摸屏、PLC 改造 Z3050 型摇臂钻床的电气电路

60　第二节　带式输送机的触摸屏控制

69　第三节　汽车烤漆房的恒温控制

77　第四节　车床主轴的触摸屏控制

85　第五节　啤酒生产线的传送控制

90　第六节　离心机的触摸屏控制

96　　第七节　电梯控制

105　　第八节　恒压供水控制

113　　第九节　四轴机械手运动控制

127　　第十节　龙门刨床拖动系统控制

137　　第十一节　物料检测生产线控制

148　　参考文献

第一章 触摸屏的基础知识

第一节 触摸屏概述

触摸屏是一种新型的人机界面操作及图形显示的终端装置，如图1-1所示。

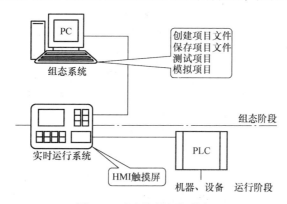

图1-1 "人机界面"构架

触摸屏早期多应用于工业控制计算机、POS机终端等工业或商用设备中。随着近年来多媒体信息查询的与日俱增，触摸屏得到了更加广泛的应用，因为触摸屏不仅适用于多媒体信息查询，而且触摸屏具有坚固耐用、反应速度快、节省空间、易于交流信息等优点。利用这种技术，用户只要用手指轻轻地触碰计算机显示屏上的图符或文字就能实现对主机操作，从而使人机交互更加直截了当，这种技术给人们提供了极大的方便，如图1-2所示。

触摸屏作为一种新型的计算机输入设备，是目前最简单、方便、自然的一种人机交互方式的装置。它赋予了多媒体以崭新的面貌，是极富吸引力的全新多媒体交互设备。触摸屏在我国的应用范围非常广泛，主要是公共信息的查询，如电信局、税务局、银行、电

图1-2 触摸屏界面

力等部门的业务查询；城市街头的信息查询；此外，还应用于工业控制、军事指挥、电子游戏、点歌点菜、多媒体教学、房地产预售等。未来，触摸屏还要走入家庭。

为了方便操作，常用触摸屏来代替鼠标或键盘。工作时，必须先用手指或其他物体触摸安装在显示器前端的触摸屏，然后系统根据手指触摸的图标或菜单位置来定位选择信息输入。触摸屏由触摸检测部件和触摸屏控制器组成；触摸检测部件安装在显示器屏幕前面，用于检测用户触摸位置，接收后送到触摸屏控制器；而触摸屏控制器的主要作用是从触摸点检测装置上接收触摸信息，并将它转换成触点坐标送给 CPU，同时能接收 CPU 发来的命令并加以执行。

触摸屏的种类有很多种，最常见的有电容式触摸屏、电阻式触摸屏、表面声波式触摸屏和红外线式触摸屏四类。下面分别对其特点进行简要叙述。

一、电容式触摸屏

1. 结构与工作原理

电容式触摸屏是利用人体的电流感应进行工作的。电容式触摸屏是一块四层复合玻璃屏，玻璃屏的内表面和夹层各涂有一层氧化铟（ITO），最外层是一薄层硅玻璃保护层，夹层 ITO 涂层作为工作面，四个角上引出四个电极，内层 ITO 为屏蔽层以保证良好的工作环境。当手指触摸金属层时，由于人体电场、用户和触摸屏表面形成一个耦合电容，对于高频电流来说，电容是直接导体，于是手指从接触点吸走一个很小的电流。这个电流分别从触摸屏的四角上的电极中流出，并且流经这四个电极的电流与手指到四角的距离成正比，控制器通过对这四个电流比例的精确计算，得出触摸点的位置。

2. 特点

电容式触摸屏反光严重，而且采用电容技术的四层复合触摸屏对各波长光线的透光率不均匀，存在色彩失真的问题。此外，由于光线在各层间的反射，所以还造成图像字符的模糊。电容式触摸屏在原理上把人体当做电容器元件的一个电极使用，当有导体靠近且与夹层 ITO 工作面之间耦合出足够容值的电容时，流出的电流就足够引起电容式触摸屏的误动作。当较大面积的手掌或手持的导体物靠近电容式触摸屏而不是触摸时就会引起电容式触摸屏的误动作，在气候潮湿的条件下，这种情况尤为严重，手扶住显示器、手掌靠近显示器 7cm 以内或身体靠近显示器 15cm 以内就能引起电容式触摸屏的误动作。

电容式触摸屏的另一个缺点是用戴手套的手或手持不导电的物体触摸时没有反应，这是因为增加了更为绝缘的介质。电容式触摸屏更大的缺点是漂移：当环境温度、湿度改变时，周围电场发生改变时，都会引起电容式触摸屏的漂移，造成不准确。例如：开机后显示器温度上升会造成漂移，用户触摸屏幕的同时另一只手或身体一侧靠近显示器会造成漂移，电容式触摸屏附近较大的物体搬移后会引起漂移，触摸时如果有人围观也会引起漂移。电容式触摸屏漂移的原因属于技术上的问题，环境电动势（包括用户的身体）虽然与电容式触摸屏离得较远，却比手指头面积大的多，它们直接影响了触摸位置的测定。此外，理论上许多应该呈线性的关系实际上却是非线性的，例如：不同体重或者不同手指湿润程度的人吸走的总电流量是不同的，而总电流量的变化和四个分电流量的变化是非线性的关系，电容式触摸屏采用的这种四个角的自定义极坐标系还没有坐标上的原点，漂移后控制器不能察觉和恢复，而且四个 A/D 完成后，由四个分流量的值到触摸点在直角坐标系上的 X、Y 坐标值的计算过程复杂。由于没有原点，电容式触摸屏的漂移是累积的，所以在工作现场也经常需要校准。电容式触摸屏最外面的硅保护玻璃防刮擦性很好，但是怕指甲或硬物的敲击，敲出一个小洞就会伤及夹层 ITO，不管是伤及夹层 ITO 还是安装运输过程中伤及内表面 ITO 层，电容式触摸屏都不能正常工作了。

二、电阻式触摸屏

1. 结构与工作原理

电阻式触摸屏的结构与工作原理如图 1-3 所示，这种触摸屏是利用压力感应进行工作的。电阻式触摸屏的主要部分是一块与显示器表面非常配合的电阻薄膜屏，这是一种多层的复合薄膜，以一层玻璃或硬塑料平板作为基层，表面涂有一层透明氧化金属（透明的导电电阻）导电层，上面再覆有一层外表面硬化处理、光滑防擦的塑料层，内表面也涂有一层涂层，在它们之间有许多细小的（小于 0.0001in，$1 \text{in} = 0.025 \text{m}$）透明隔离点把两层导电层隔开绝缘。当手指触摸屏幕时，两层导电层在触摸点位置就有了接触，电阻发生变化，在 X 和 Y 两个方向上产生信号，然后送到触摸屏控制器。控制器侦测到这一接触并计算出（X，Y）的位置，再根据模拟鼠标的方式运作。这就是电阻式触摸屏的最基本的工作原理。电阻式触摸屏的关键在于材料，常用的透明导电涂层材料有：

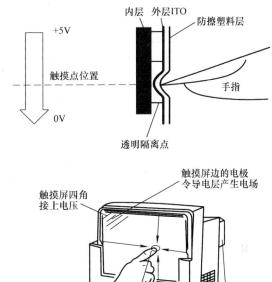

图 1-3　电阻式触摸屏的结构与工作原理

1）ITO（氧化铟）：为弱导电体，特性是当厚度降到 1800Å（$1\text{Å} = 10^{-10}\text{m}$）以下时会突然变得透明，透光率为 80%，再薄下去透光率反而下降，到 300Å 厚度时又上升到 80%。ITO 是所有电阻式触摸屏及电容式触摸屏都能用到的主要材料，实际上电阻式和电容式触摸屏的工作面就是 ITO 涂层。

2）镍金涂层：五线电阻式触摸屏的外导电层使用的是延展性好的镍金涂层材料，外导电层由于频繁触摸，所以使用延展性好的镍金材料，目的是为了延长使用寿命，但是工艺成本较昂贵。镍金导电层虽然延展性好，但是只能作为透明导体，不适合作为电阻式触摸屏的工作面，因为它的电导率高，而且金属不易做到厚度非常均匀，所以不宜作电压分布层，只能作为感探层。

2. 分类

（1）四线电阻式触摸屏　四线电阻式触摸屏的两层透明金属层工作时，每层均增加 5V 恒定电压：一个竖直方向，一个水平方向。其特点是高解析度，高速传输反应。表面硬度的处理，可减少擦伤、刮伤及防化学处理。具有光面及雾面处理。一次校正，稳定性高，永不漂移。

（2）五线电阻式触摸屏　五线电阻式触摸屏的基层把两个方向的电场通过精密电阻网络加在玻璃的导电工作面上，可以简单地理解为两个方向的电场分时工作加在同一工作面上，而外层镍金导电层仅仅当做纯导体，当触摸时通过分别检测内层 ITO 接触点 X 轴和 Y 轴电压值的方法来测得触摸点的位置。五线电阻式触摸屏的内层 ITO 需四条引线，外层只作导体仅仅一条，触摸屏的引出线共有 5 条。其特点是解析度高，高速传输反应。表面硬度高，可减少擦伤、刮伤及防化学处理，同点接触 3000 万次尚可使用。导电玻璃为基材的介质。一次校正，稳定性高，永不漂移。五线电阻式触摸屏的缺点是价位高和对环境要求高。

3. 特点

无论是四线电阻式触摸屏还是五线电阻式触摸屏，都不怕灰尘和水汽，可以用任何物体来触摸，也可以用来写字、画画，比较适合在工业控制领域及办公室内使用。电阻式触摸屏共同的缺点是因为复合薄膜的外层采用塑胶材料，所以有些人太用力或使用锐器触摸可能划伤整个触摸屏。不过，在一定限度之内，划伤只会伤及外导电层，外导电层的划伤对五线电阻式触摸屏来说没有关系，而对四线电阻式触摸屏来说是致命的。

三、表面声波式触摸屏

表面声波式触摸屏的结构与工作原理如图 1-4 所示。

1. 结构

表面声波是超声波的一种，在介质（例如，玻璃或金属等刚性材料）表面浅层传播的机械能量波。通过楔形三角基座（根据表面波的波长严格设计），可以做到定向、小角度的表面声波能量发射。表面声波性能稳定、易于分析，并且在横波传递过程中具有

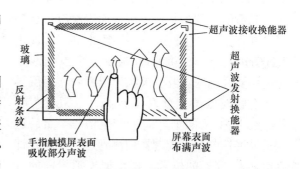

图 1-4　表面声波式触摸屏的结构与工作原理

非常尖锐的频率特性，近年来在无损探伤、造影和退波器方向上应用发展很快，表面声波相关的理论研究、半导体材料、声导材料、检测技术等都已经相当成熟。表面声波式触摸屏的触摸屏部分可以是一块平面、球面或是柱面的玻璃平板，安装在 CRT、LED、LCD 或是等离子显示器屏幕的前面。玻璃屏的左上角和右下角各固定了竖直和水平方向的超声波发射换能器，右上角则固定了两个相应的超声波接收换能器。玻璃屏的四个周边则刻有 45° 由疏到密间隔非常精密的反射条纹。

2. 工作原理

以 X 轴发射换能器为例：发射换能器把控制器通过触摸屏电缆送来的电信号转化为声波能量向左侧表面传递，然后由玻璃板下边的一组精密反射条纹把声波能量反射成向上的均匀面传递，声波能量经过屏体表面，再由上边的反射条纹聚成向右的光线传播给 X 轴的接收换能器，接收换能器将返回的表面声波能量变为电信号。当发射换能器发射一个窄脉冲后，声波能量经不同途径到达接收换能器，走最右边的最早到达，走最左边的最晚到达，早到达的和晚到达的这些声波能量叠加成一个较宽的波形信号，不难看出，接收信号集合了所有在 X 轴方向历经长短不同路径回归的声波能量，它们在 Y 轴走过的路程是相同的，但在 X 轴上，最远的比最近的多走了两倍 X 轴最大距离。因此，这个波形信号的时间轴反映了各原始波形叠加前的位置，也就是 X 轴坐标。发射信号与接收信号波形在没有触摸时，接收信号的波形与参照波形完全一样。当手指或其他能够吸收或阻挡声波能量的物体触摸屏幕时，X 轴途经手指部位向上走的声波能量被部分吸收，反映在接收波形上即某一时刻位置上

波形有一个衰减缺口。接收波形对应手指挡住部位信号衰减了一个缺口，计算缺口位置即得触摸坐标控制器分析到接收信号的衰减并由缺口的位置判定 X 轴坐标。之后，Y 轴同样的过程判定出触摸点的 Y 轴坐标。除了一般触摸屏都能响应 X、Y 轴坐标外，表面声波式触摸屏还能响应第三轴（即 Z 轴）坐标，也就是能感知用户触摸压力值大小，其原理是由接收信号衰减处的衰减量计算得到的。三轴一旦确定，控制器就把它们传给主机。

3. 特点

高度耐久，抗刮伤性良好（相对于电阻、电容等有表面镀膜）；反应灵敏；不受温度、湿度等环境因素影响，分辨率高，寿命长（维护良好情况下 5000 万次）；清晰度较高，透光率高（92%），能保持清晰透亮的图像质量；没有漂移，只需安装时一次校正；有第三轴（即压力轴）响应，目前在公共场所使用较多。表面声波式触摸屏需要经常维护，因为灰尘、油污，甚至饮料的液体沾污在屏的表面，都会阻塞触摸屏表面的导波槽，使波不能正常发射，或使波形改变而控制器无法正常识别，从而影响触摸屏的正常使用，用户需要严格注意环境卫生。必须经常擦抹屏的表面以保持屏面的光洁，并定期作一次全面彻底擦除。

四、红外线式触摸屏

红外线式触摸屏的结构与工作原理如图 1-5 所示。

1. 工作原理

红外线式触摸屏是利用 X、Y 轴方向上密布的红外线矩阵来检测并定位用户的触摸屏。红外线式触摸屏在显示器的前面安装一个电路板外框，电路板在屏幕四边排布红外线发射管和红外线接收管，一一对应形成横竖交叉的红外线矩阵。用户在触摸屏幕时，手指就会挡住经过该位置的横竖两条红外线，因而可以判断出触摸点在屏幕上的位置。任何触摸物体都可改变触点上的红外线而实现触摸屏操作。

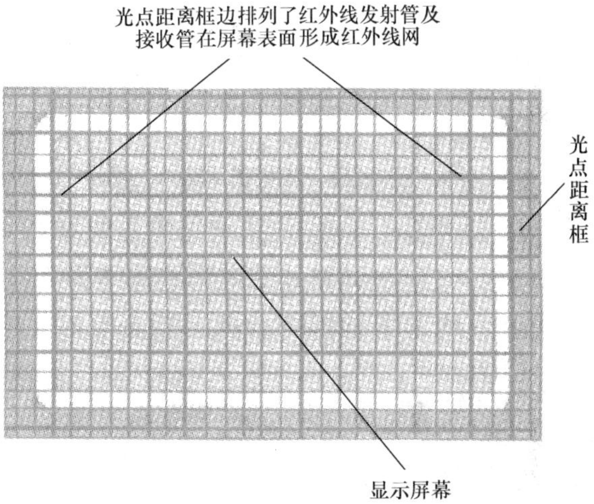

图 1-5 红外线式触摸屏的结构与工作原理

2. 分类

早期观念上，红外线式触摸屏存在分辨率低、触摸方式受限制和易受环境干扰而误动作等技术上的局限，因而一度淡出市场。而后，第二代红外线式触摸屏部分解决了抗光干扰的问题，第三代和第四代在提升分辨率和稳定性能上亦有所改进，但都没有在关键指标或综合性能上有质的飞跃。

3. 特点

红外线式触摸屏不受电流、电压和静电干扰，适宜恶劣的环境条件，红外线技术是触摸屏产品最终的发展趋势。采用声学和其他材料学技术的触屏都有其难以逾越的屏障，如单一传感器的受损、老化，触摸界面怕受污染、破坏性使用、维护繁杂等问题。红外线式触摸屏只要真正实现了高稳定性能和高分辨率，必将替代其他技术产品而成为触摸屏市场主流。过去的红外线式触摸屏的分辨率由框架中的红外线对管数目决定，因此分辨率较低。市场上主要国内产品为 32×32、40×32。另外，有的说红外屏对光照环境因素比较敏感，在光照变化较大时会误判甚至死机。这些正是国外非红外线式触摸屏的国内代理商销售宣传的红外屏的弱点。而最新的技术第五代红外线式触摸屏的分辨率取决于红外线对管数目、扫描频率以及差值算法，分辨率已经达到了 1000×720 个像素点，至于说红外线式触摸屏在光照条件下不稳定，从第二代红外线式触摸屏开始，就已经较好地克服了抗光干扰这个弱点。第五代红外线式触摸屏是全新一代的智能技术产品，它实现了 1000×720 个像素点的高分辨率、多层次自调节和自恢复的硬件适应能力和高度智能化的判别、识别，可长时间在各种恶劣环境下任意使用，并且可针对用户定制扩充功能，如网络控制、声感应、人体接近感应、用户软件加密保护、红外数据传输等。原来宣传的红外线式触摸屏另外一个主要缺点是抗爆性差，其实红外线式触摸屏完全可以选用任何客户认为满意的防爆玻璃而不会增加太多的成本和影响使用性能，这是其他触摸屏所无法效仿的。

五、触摸屏类型特点综合比较

各种类型触摸屏的性能比较见表1-1。

表1-1　各种类型触摸屏的性能比较

	四线电阻式触摸屏	五线电阻式触摸屏	表面声波式触摸屏	电容式触摸屏	红外线式触摸屏
清晰度	一般	较好	很好	一般	一般
反光性	很少	有	很少	较严重	
透光率（%）	60	75	92	85	
色彩失真				有	
分辨率/像素点	4096×4096	4096×4096	4096×4096	1024×1024	可达 1000×720
漂移				有	
材质	多层玻璃或塑料复合膜	多层玻璃或塑料复合膜	纯玻璃	多层玻璃或塑料复合膜	塑料框架或透光外壳
防刮擦	是其主要缺陷	较好、怕锐器	非常好	一般	
反应速度/ms	$10 \sim 20$	10	10	$15 \sim 24$	$50 \sim 300$
使用寿命	5×10^6 次以上	3.5×10^7 次以上	5×10^7 次以上	2×10^7 次以上	较短
缺陷	怕划伤	怕锐器划伤	长时间灰尘积累	怕电磁场干扰	怕光干扰

六、触摸屏的技术要求

1. 透明

它直接关系到触摸屏的视觉效果，很多触摸屏都是由多层复合薄膜制成的，其总体视觉效果技术指标应该包括四个方面：透明度、色彩失真度、反光性和清晰度。

2. 绝对坐标系统

触摸屏是绝对坐标系统，与鼠标这类相对定位坐标系统具有本质的区别，确定位置不仅具有直观性，而且更具准确性。绝对坐标系统的特点是每一次定位坐标与上一次定位坐标没有关系，因而没有积累误差。触摸屏在物理上是一套独特的坐标定位系统，对提高同一触摸点的输出数据的稳定性具有重要意义。

3. 检测触摸并定位

各种触摸技术都是依靠各自的传感器来工作的，甚至有的触摸屏本身就是一套传感器。

各自的定位原理和各自所用的传感器决定了触摸屏的反应速度、可靠性、稳定性和使用寿命。

七、触摸屏在工业自动化中的应用

可编程终端应用最早的场所主要是工业现场，它是一种与 PLC 进行人机交互的终端设备。作为智能的多媒体输入输出设备，它取代了传统控制台的许多功能，具有图形显示等丰富的人机交互功能，带有触摸功能的可编程终端称为触摸屏。随着时间的推移和触摸屏技术的广泛应用，常把可编程终端称为触摸屏。可编程终端是由计算机逐步演变而来的。初始阶段，为了工业现场使用方便和可靠。把操作按钮放在显示器的下方并做成一体，随着检测技术的发展，使用触摸技术代替传统的键盘和操作按钮，并通过加工将触摸部分和显示器叠成一体，便构成了触摸屏。触摸屏在工业现场主要具有以下功能：

1. 显示和状态监视功能

它可以用来显示各种信息，例如工业控制系统或设备的工作状态。触摸屏可以通过灯、实物图形等方式来显示各开关量的状态，也可以通过液位计、折线图或趋势图等方式来显示温度、压力、流量等过程量的状态，还可通过仪表图形、数字等方式来显示电流、电压等现场参数的数据。图形和其他指示功能可以将实时数据或现场状况以及各种控制信息显示出来，表现得更加形象、逼真，使操作者更容易理解和判断现场情况。

2. 实时报警功能

当现场和设备出现问题、故障，或者控制系统发生错误时，显示出来，发出报警声，提示操作者，并能给出多种处理方案，以便操作者进行选择，作出适当处理。也可按预定方案，通报给执行机构，进行适当处理。

3. 数字输入功能

使用数字输入功能，输入控制系统所需要的参数，例如 PID 的各种参数等。

4. 控制功能

利用按钮等功能元素，可通过 PLC 对开关量进行控制，并可在多个控制面板之间进行切换。触摸屏可以运行用户设计的各种控制界面，并且可以使用界面上的各种触摸开关作为上位机的输入。控制界面的个数以及界面的布置是根据用户需要进行设计的。触摸屏越来越多地代替了控制面板开关。

与 PLC 相比，触摸屏对环境要求低，可使用于多种环境。同时，还具有操作方便、坚固耐用、反应速度快、节省时间、易于交流信息等优点。

触摸屏越来越多地代替了传统的按钮、仪表等硬件设备。使用这样的操作终端，可将仪表盘的功能更多地表现在触摸屏上，用更加人性化的表示方法，如指针图形、数字等来显示被监控的参数；同时可利用触摸屏的功能，修改与输入各种参数，例如 PID 的值，对现场进行操作控制。先进的触摸屏技术大大提高了工厂的自动化设备的可靠性水平，但对于要求高、反应快的按钮，例如紧急停机就不适合用触摸屏开关。触摸屏价格比计算机贵，但抗干扰能力强，操作方便，因而一般用于现场条件相对较为恶劣的环境。随着触摸屏技术的不断进步，集智能化、网络化于一体的可操作智能终端正在得到越来越多的应用。而触摸屏由于其自身的特点（操作方便）也在越来越多的工业现场得到广泛的应用，从而改变了以往工业现场需要安装大量仪表的状况。

第二节　触摸屏及编程软件的安装

一、SIMATIC 触摸屏

1. 可选的操作方式

SIMATIC 操作面板以键盘或触摸面板的形式提供，有些面板甚至同时提供了这两种操作方式。

2. 所有内容在高清晰的显示屏上一览无遗

所有 SIMATIC 操作面板都具有大屏幕、高亮度和高对比度的显示屏，从而极大地优化了操作员控制和监视。基于文本或像素图形，彩色或单色，3～19in（1in＝0.025m）显示屏以及现在的 4in 宽屏格式的显示屏一应俱全。

3. 连接控制器和 I/O 设备的各种连接选项

标准情况下，SIMATIC 操作面板通过 PROFIBUS 进行通信。PROFINET/Ethernet 日益展现出其重要性，许多 SIMATIC 操作面板已为此做好了准备，通过附加接口还可以与其他设备连接。

4. 软件集成和可扩展

SIMATIC 操作面板通过集成的软件工具 SIMATIC WinCC flexible 进行组态，WinCC flexible 经过扩展后可适用于不同性能级别的面板。

5. 面向各种自动化系统的开放性

SIMATIC7 的各种接口选件，适用于非西门子控制器的驱动器以及通过 OPC 进行独立于供应商的通信，都确保了多种自动化解决方案的正确连接。SIMATIC 操作面板如图 1-6 所示。

SIMATIC 操作面板系列概览	按键面板5)	TD6)	微型面板		移动面板		精简系列面板
			77系列	177系列5)	177系列	277系列	
移动					✓	✓	
固定	✓	✓	✓	✓			✓
操作方式							
触摸				✓		✓1)	✓1)
按键	✓	✓	✓				
触摸和按键					✓	✓	✓
显示							
TFT						✓	✓
STN		✓	✓	✓	✓		
接口							
PPI	✓						
PROFIBUS	✓					✓3)	
PROFINET/Ethernet	■			✓1)		✓3)	✓1)
USB						✓4)	
功能							
报警系统	✓2)	✓	✓	✓	✓	✓	✓
配方					✓	✓	✓
归档						✓	
Visual Basic 脚本						✓	
软件选件					✓	✓	

图 1-6　SIMATIC 操作面板

二、SIMATIC 操作面板的特点

1）集成的组态，数据管理和通信。

2）设计用于恶劣的工作环境：

① 坚固且紧凑。

② 通过键盘或触摸屏实现安全和符合人体工程的操作。

③ 高清晰显示了最佳可读性。

3) 开放式结构,易于扩展:

① 用于多功能面板的跨制造商 OPC 通信(OPC 服务器)。

② 可连接多数不同制造商的控制器。

③ 通过 PORFINET/Ethernet 实现 TCP/IP。

三、WinCC flexible 的安装

1. 安装 WinCC flexible 的计算机推荐配置

WinCC flexible 支持所有兼容 YBM/AT 的个人计算机。下面是安装 WinCC flexible 2007 时推荐的系统配置。

1) 操作系统:Windows2000 SP4 或 Windows XP SP2 的专业版。

2) Internet:MS Internet Explorer V6.0 SP1 或更高的版本。

3) 图形/分辨率:1024×768 像素点或更高,256 色或更多。

4) 处理器:Pentium 或大于或等于 1.6GHz 的处理器。

5) 硬盘上的空闲空间:1.5GB 或更大。

6) 主内存:1GB 或更大。

7) PDF 文件显示器:Adobe Acrobat Reader5.0 或更高的版本。

2. 安装 Microsoft 工具和服务包

双击光盘中的"CD_A"文件夹中的 Setup. exe,在出现的对话框中确认安装程序语言为"简体中文",单击各个对话框的"下一步 >"按钮,进入下一步对话框。

在"许可证协议"对话框中单击"我接受本许可证协议的条款"。在"要安装的程序"对话框确认要安装的软件,已安装的软件左侧的复选框为灰色,如图1-7所示。

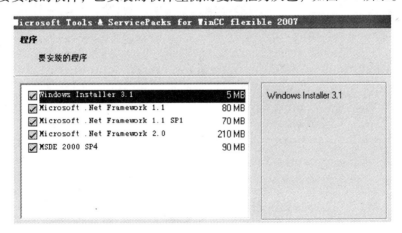

图1-7 对话框

3. 安装 WinCC flexible 2007

安装好 Microsoft 工具和服务包后,双击光盘中的"CD1"文件夹中的 Setup. exe,开始安装 WinCC flexible,单击各对话框中的"下一步 >"按钮,进入下一步对话框。

在"许可证协议"对话框中单击"我接受本许可证协议条款"。

单击图 1-8 中的"完整安装"，出现下面的目标目录，单击"浏览"按钮，可修改安装的路径，例如将 C：盘改为 D：盘，一般不要将软件安装在 C：盘。单击图 1-8 中的"运行系统/仿真"，用同样地方法修改安装的目标目录。

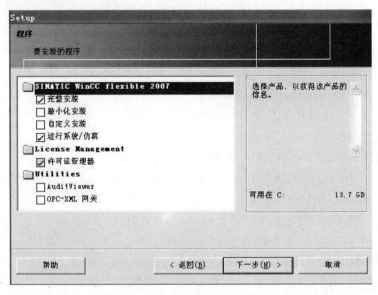

图 1-8　修改安装目标的文件夹

单击"下一步 >"按钮，出现图 1-9 所示的对话框，开始安装 WinCC flexible。安装完成后出现的对话框显示"安装程序已在计算机上成功的安装和组态了软件"，单击"完成"按钮，立即重新启动计算机。

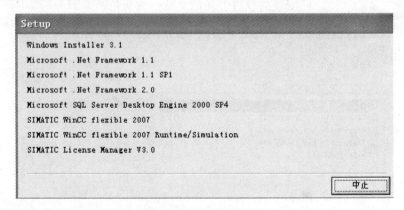

图 1-9　显示安装的文件

第三节　触摸屏的基本操作

1. 西门子 TP270A 触摸屏画面构成

触摸屏又称为图示操作终端，现以西门子 TP270A 为例对其使用操作加以介绍，如图 1-10所示。

触摸屏与 S7-200 或 S7-300 系列 PLC 的程序连接器连接，可以一边观看画面中对 PLC 的各软件的监视以及数据的变化，一边进行显示。显示画面分为用户制作内容和预置内容，预置的画面有多种功能，各种功能的用户制作的画面与 TP170A 原有的画面叙述如下：

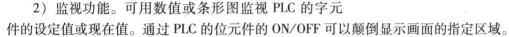

图 1-10　西门子 TP270A 触摸屏

（1）用户制作画面　用户制作画面具有以下几种功能，当使用画面保护功能时，可以限制所显示的画面。

1）画面显示功能。最多可以显示 500 个用户制作画面，可以同时显示数个画面，也可以进行自由切换。

2）监视功能。可用数值或条形图监视 PLC 的字元件的设定值或现在值。通过 PLC 的位元件的 ON/OFF 可以颠倒显示画面的指定区域。

3）数据变更功能。可变更正在监视的数值或条形的数据。

4）开关功能。可通过屏幕的操作来 ON/OFF PLC 的位元件。可将显示面板设定为触摸键，行使开关功能。

（2）系统画面

1）监视功能。可在命令清单程序方式下进行程序的读出/写入/监视，可读出/写入/监视特殊块的缓冲储存器的内容；也可以对软件进行监视，可监视、变更 PLC 的各软元件的 ON/OFF 状态，定时器、计数器及数据寄存器的设定值或现在值；可对指定的位元件进行强制 ON/OFF。与前述的画面显示功能的监视功能不同，只要通过键操作选择元素序号就能进行画面显示。

2）数据采样功能。在特定周期或当触发条件成立时收集指定的数据寄存器的现在值，用清单形式显示采样数据，以清单形式打印出采样数据。

3）报警功能。可使最多 256 点的 PLC 连续位元件与报警信息相对应。位元件 ON 后，可显示指定的用户制作画面，在用户制作画面上显示与软元件相对应的信息，也可一览显示。

2. TP 270A 触摸屏硬件的介绍

TP270A 触摸屏采用 10.0in、蓝色或 16 色 STN-LCD，有 2 个 RS-232 接口、1 个 RS-422/485 接口和 1 个 CF 卡插槽。支持位图、图标、背景图画和矢量图形对象，动态对象有图表、柱形图和隐藏按钮，且有配方功能。

（1）TP 270A 触摸屏主视图　触摸屏的主视图没有按键，其操作是用手轻轻地在显示屏上触动就可以完成操作，如图 1-11所示。

（2）TP 270A 触摸屏仰视图　TP 270A 触摸屏仰视图如图 1-12所示。

（3）TP 270A 触摸屏后视图　触摸屏后视图如图 1-13所示。

（4）附件　TP 270A 触摸屏与面板固定需要卡件（弹簧端子），如图 1-14 所示。图 1-14 中的挂钩插在紧固凹槽内，

图 1-11　TP 270A 触摸屏主视图

用螺钉拧紧，把触摸屏紧固在面板上。

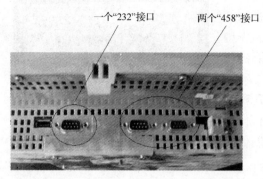

图 1-12 TP 270A 触摸屏仰视图

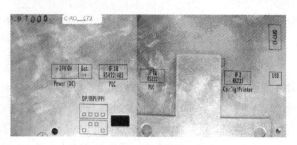

图 1-13 TP 270A 触摸屏后视图

（5）电源线的连接 TP 270A 触摸屏的接线端子与电源线的连接如图 1-15 所示。必须确保电源线没有接反，可参见触摸屏背面的引出线标志。触摸屏安装有极性反向保护电路。

（6）PLC 的连接 TP 270A 触摸屏除了与西门子 PLC 连接，还可以与其他多种 PLC 连接，如图 1-16 所示。

图 1-14 弹簧端子

1—挂钩 2—槽式头螺钉

图 1-15 电源线的连接

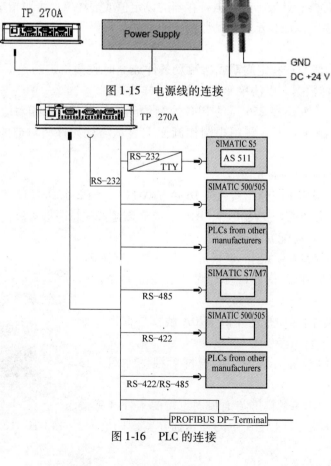

图 1-16 PLC 的连接

（7）组态 RS-485 接口 组态 RS-485 接口的 DIP 开关位于触摸屏的背面，通过开关的设置使 RS-422/485 接口（IF 1B）与外部 PLC 的通信口的电气相适配。在出厂时，DIP 开关设置为与 SIMATIC S7 控制器进行通信，DIP 开关也可以使 RTS 信号对发送与接收方向进行内部切换。DIP 开关的设置见表 1-2。

表 1-2 DIP 开关的设置

通 信	开 关 位 置	含 义
PPI MPI/PROFIBUS DP RS−485 PLC	4 3 2 1 ON	针脚 4 上的 RTS，例如控制器
PPI MPI/PROFIBUS DP RS−485 PLC	4 3 2 1 ON	针脚 4 上的 RTS，例如编程设备
	4 3 2 1 ON	连接器上没有任何 RTS
RS−422 PLC RS−422 PLC	4 3 2 1 ON	启用 RS-422 接口
Button ON	4 3 2 1 ON	发送时的状态

（8）组态计算机的连接 TP 270A 触摸屏与组态计算机的连接如图 1-17 所示。

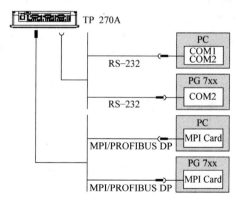

图 1-17 TP 270A 触摸屏与组态计算机的连接

第二章 触摸屏编程软件的使用

第一节 触摸屏编程软件的配置与工具

一、WinCC 的概述

视窗控制中心（Windows Control Center，WinCC），是西门子在自动化领域中的先进技术和 Microsoft 的强大功能相结合的产物。它的各种有效功能用于自动化过程，是用于个人计算机上的、按价格和性能分级的人机界面和 SCADA（Supervisory Control And Data Acquisition）系统。很容易地结合标准和用户程序生成人机界面，准确地满足实际要求。

WinCC 集成了 SCADA、组态、脚本（Script）语言和 OPC（Objet Linking and Embedding for Process Control）等先进技术，为用户提供了 Windows 操作系统（Windows 2000 或 XP）环境下使用各种通用软件的功能，它继承了西门子公司的全集成自动化（TIA）产品的技术先进和无缝集成的特点。

WinCC 运行于个人计算机环境，可以与多种自动化设备及控制软件集成，具有丰富的设置项目、可视窗口和菜单选项，使用方式灵活，功能齐全。用户在其友好的界面下进行组态、编程和数据管理，可形成所需的操作画面、监视画面、控制画面、报警画面、实时趋势曲线、历史趋势曲线和打印报表等。它为操作者提供了图文并茂、形象直观的操作环境，不仅缩短了软件设计周期，而且提高了工作效率。

WinCC 不是孤立的软件系统，它时刻与以下系统集成在一起。

1）与自动化系统的无缝集成。

2）与自动化网络系统的集成。

3）与 MES 系统的集成。

4）与相应的软硬件系统一起，实现系统级的诊断功能。

5）WinCC 不仅是可以独立使用的 HMI/SCADA 系统，而且是西门子公司众多软件系统的重要组件。

WinCC 的整体开放性，可以方便地与各种软件和用户程序组合在一起，建立友好的人机界面，以满足实际需要；也可将 WinCC 作为系统扩展的基础，通过开放式接口，开发其自身需要的应用系统。

1）整个系统通过完整和丰富的编程系统实现了双向的开放性。

2）数据库系统全面开放。

3）广泛采用最新的开放性软件技术和标准，面向多种操作系统平台。

1. WinCC flexible 入门

1）WinCC flexible 具有新的设备自动化概念，可以显著地提高组态效率。它可以为所有基于 Windows CE 的 SIMATIC HMI 设备组态，从最小的微型面板到最高档的多功能面板，还可以对西门子的 C7（人机界面与 S7—300 相结合的产品）系列产品组态。除了用于 HMI 设备的组态外，WinCC flexible 高级版的运行软件还可以用于 PC，将 PC 作为功能强大的 HMI 设备使用。

2）WinCC flexible 具有开放简易的扩展功能，带有 Visual Basic 脚本功能，集成了 ActiveX 控件，可以将人机界面集成到 TCP/IP 网络。

3）WinCC flexible 简单、高效，易于上手，功能强大。在创建工程时，通过单击鼠标便可以生成 HMI 项目的基本结构。基于表格的编辑器简化了对象的生成和编辑。通过图像化配置，简化了复杂的配置任务。

4）WinCC flexible 带有丰富的图库，提供大量的图形对象供用户使用，其缩放比例和动态特性都是可变的。使用图库中的元件，可以快速方便地生成各种美观的画面。

5）用户可以增减图库中的元件，也可以建立自己的图库；用户生成的可重复使用的对象可以分类储存在库中，也可以将绘图软件绘制的图形装入图库；根据用户和工程的需要，还可以将简单的图像对象组合成面板，供本项目或别的项目使用。

6）WinCC flexibl 与 CBA（基与组件的自动化）一起支持 PROFINET。可以针对控制和 HMI 任务创建共享的标准化组建，将 HMI 组件（面板）和控制组件组成一个 CBA 目标，该目标能使用 SIMATIC iMAP 工程设计工具与其他目标进行图形化互联。

2. WinCC flexible 的组件

（1）WinCC flexible 工程系统　WinCC flexible 工程系统（简称 ES）用于处理组态任务的软件，WinCC flexible 采用模块化设计，为各种不同的 HMI 设备量身定做了不同价格和性能档次的版本，随着版本的逐步升高，支持的设备范围以及 WinCC flexible 的功能得到了扩展。WinCC flexible 按功能不同可分为微型版、压缩版、标准版和高级版，高级版用于组态面板 PC 和标准 PC。

（2）WinCC flexible 运行系统　WinCC flexible 运行系统是用于过程可视化的软件，即运行系统在过程模式下执行项目，实现与自动化系统之间的通信，图像在屏幕上的可视化，各种过程操作、记录过程值和报警时间。运行系统支持一定数量的过程变量，该数量由许可确定。

（3）WinCC flexible 选件　WinCC flexible 选件可以扩展 WinCC flexible 的标准功能，每个选件需要一个许可证。

二、WinCC flexible 与 STEP 7 的集成

1. 集成的基本原理

（1）集成的优点　西门子的 HMI 设备主要与 S7—300/400 配合使用，由于它们价格较高，初学者编写 PLC 程序和组态 HMI 设备后，一般都没有条件用硬件来做实验。离线模拟方法虽然不需要 PLC 和 HMI 的硬件设备就可以模拟运行 HMI 的项目，但是模拟的功能极为有限，因为没有执行 PLC 的用户程序，模拟系统的性能与实际系统的性能相比有很大的差异。

为了解决这一问题，可以将 HMI 的项目集成在 S7—300/400 的编程软件 STEP 7 中。用仿真软件 PLCSIM 来模拟 S7—300/400 的运行，用 WinCC flexible 的运行系统来模拟 HMI 设备的功能。因为 HMI 和 PLC 的项目集成在一起，同时还可以模拟 HMI 设备和 PLC 之间的通信和数据交换，虽然没有 PLC 和 HMI 硬件设备，只用计算机也能很好地模拟真实的 PLC 和 HMI 设备组成的实际控制系统的功能，模拟系统与硬件系统的功能上基本相同。

在 STEP 7 中集成 WinCC flexible 有以下好处：

1）以 SIMATIC Manager 为中心来创建、处理和管理西门子 PLC 和 WinCC flexible 项目。

2）集成后 WinCC flexible 可以访问在 STEP 7 中组态 PLC 时创建的组态数据。

3）在创建 WinCC flexible 项目时，自动使用 STEP 7 中设置的通信参数。在 STEP 7 中更改通信参数时，WinCC flexible 中的通信参数将会随之更新。

4）在 WinCC flexible 中组态变量和区域指针后，可以直接访问 STEP 7 中的符号地址。在 WinCC flexible 中，只需选择想要连接的变量的 STEP 7 符号。在 SETP 7 中修改变量的符号，WinCC flexible 中的变量会同时自动更新。

5）只需在 STEP7 的变量表中指定一次符号名，便可以在 STEP 7 和 WinCC flexible 中使用它。

6）WinCC flexible 支持 STEP 7 中组态的 ALARM_S 和 SALARM_D 报警信息，信息文本保存在两者共享的数据库中。创建项目时，WinCC flexible 自动导入所需的数据，并且可以传送到 HMI 设备上。

（2）SIMATIC 管理器的功能在集成的项目中，SIMATIC 管理器提供下列功能：

1）使用 WinCC flexible 运行系统创建一个 HMI 或 PC 站。

2）插入 WinCC flexible 对象。

3）创建 WinCC flexible 文件夹。

4）打开 WinCC flexible 项目。

5）编译和传送 WinCC flexible 项目。

6）启动 WinCC flexible 运行系统。

7）导出和导入要转换的文本。

8）指定语言设置。

9）复制或覆盖 WinCC flexible 项目。

10）在 STEP 7 项目框架内归档和检索 WinCC flexible 项目。

2. 集成的方法

在 STEP 7 中集成 WinCC flexible 的方法有两种：

1）创建一个独立的 WinCC flexible 项目，再集成到 STEP 7 中。

2）通过在 SETP 7 的 SMATIC 管理器中创建一个 HMI 站，创建集成在 STEP 7 中的 WinCC flexible 项目，也可以从 STEP 7 中分离需要的 WinCC flexible 项目，将它作为单独的项目使用，方法如下：在 STEP 7 中打开集成的 WinCC flexible 项目，在 WinCC flexible 中将它另存为其他项目，就可以将它从 STEP 7 中分离开。

3. 实现集成的条件

为了实现 WinCC flexible 与 STEP 7 中的集成，应先安装 STEP 7（其版本不能低于 V5.3.1），然后安装 WinCC flexible。安装 WinCC flexible 时，如果检测到已安装的 STEP 7，

将会自动安装集成到 STEP 7 中的支持选项。如果是用户自定义安装，则应激活"与 STEP 7 集成"选项。

如果已经安装 WinCC flexible，安装 STEP 7 时应该先卸载 WinCC flexible，在 STEP 7 安装完成后重新安装 WinCC flexible，这样才可以保证两者的集成。

第二节　触摸屏编程软件模板的操作

一、用项目向导创建项目

用 WinCC flexible 的项目向导来创建项目，可以很方便地设置大量的项目属性。下面简单介绍项目向导的使用方法。如果已经启动了 WinCC flexible，执行菜单命令"项目"→"通过项目向导新建项目"，可以启动项目向导。

如果没有启动 WinCC flexible，单击 Windows 桌面上的 WinCC flexible 图标，打开 WinCC flexible 的首页，首页有 5 个选项：

1）打开最新编辑过的项目。

2）使用项目向导创建一个新项目。

3）打开一个现有的项目。

4）创建一个空项目。

5）打开一个 Protool 项目。

二、选择"使用项目向导创建一个新项目"

在项目的指导下，逐步完成下列操作：

1. 选择项目类型

有 5 种不同的项目类型：

1）小型设备：一台 PLC 与一台 HMI 设备连接。

2）大型设备：一台 PLC 与多台同步的 HMI 设备连接，其中 HMI 设备为服务器，其余的为客户。

3）分布式操作：主 PLC 与各自带一台 HMI 设备的 PLC 相连。

4）控制中心与本地操作：PLC 与本地和控制中心的 HMI 设备连接。

5）Sm@rtClient：两台 HMI 设备的连接，一台为服务器，另一台为客户。

若系统只有一台 HMI 设备和一台 PLC，则选择"小型设备"，单击"下一步"按钮，进入"HMI 设备和控制器"对话框。

2. 设置触摸屏和 PLC 型号

单击对话框中的 HMI 设备图标，在出现的对话框中选择 HMI 设备的型号，单击"确定"按钮返回"HMI 设备和控制器"对话框。

单击 PLC 图标下面的选择框▼按钮，在选择框中选择 PLC 的型号，如图 2-1 所示，单击"下一步"按钮。

3. 组态画面模板

在画面模板对话框中（见图 2-2），可以用复选框设置模板画面是否有画面标题、公司标志、浏览条和报警行/报警窗口。设置完成后单击"下一步"按钮。

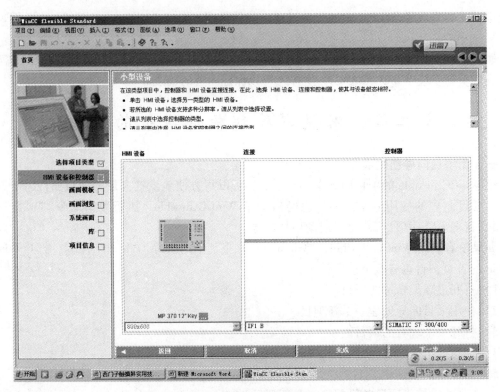

图 2-1　选择 PLC 的型号

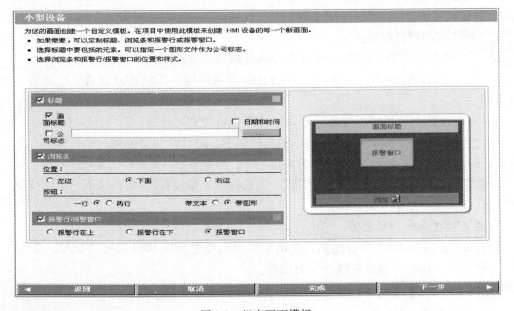

图 2-2　组态画面模板

4. 组态画面浏览

在画面浏览对话框中（见图 2-3），设置画面的结构，例如每一级子画面的个数，设置完成后单击"下一步"按钮。

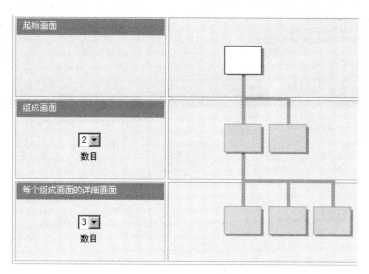

图2-3　组态画面浏览

5. 组态系统画面

在系统画面对话框中（见图2-4），一般选择不建立系统画面（默认的设置），然后单击"下一步"按钮。

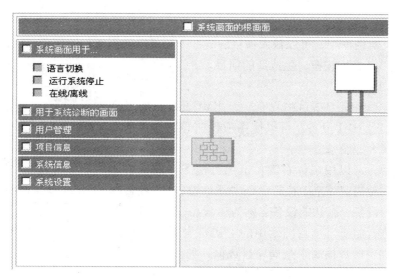

图2-4　组态系统画面

6. 库设置

在库组态对话框中，左侧窗口是常用的库，如图2-5所示选择了左侧窗口中的"Button_and_switches"（按钮和开关）库，单击窗口中间的 ▶ ，将选中的库传送到右侧窗口中的"选择的库"区域中。选中右侧窗口中的某个库，单击窗口中间的 ◀ ，可以完成反方向的传送。设置完成后单击"下一步"按钮或"完成"按钮。

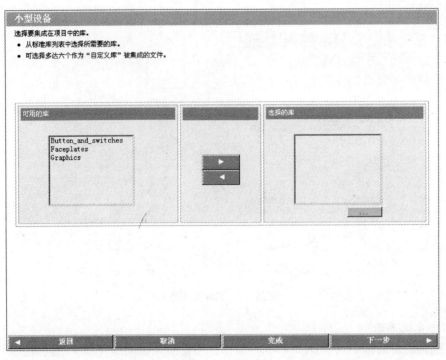

图 2-5 库设置

7. 组态项目信息

在项目信息对话框中，可以输入项目的名称，还可以输入项目的作者和项目的注释等内容。然后单击"完成"按钮，生成新的项目。

8. 创建多用户项目

创建一个空项目时，项目中只有一个 HMI 设备。如果系统需要两台或多台 HMI 设备，可以使用项目向导，并在选择项目类型时选择大型设备。

项目生成后，可以用鼠标右键单击项目视图中的项目图标，在弹出的右键快捷菜单中执行命令"添加设备"，项目图示中将生成新的设备，默认的设备名称为"设备_2"，可以分别对两台设备进行组态。项目图示中的"语言设置"和"版本管理"文件夹中的数据属于全局项目数据，如图 2-6 所示。在组态时可以更改项目名称、设备类型、设备名称和链接的PLC 类型。

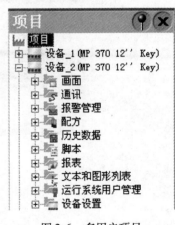

图 2-6 多用户项目

第三节 显示屏幕的创建

一、创建画面

1. 画面的总体设计

根据系统的要求，规划需要创建的画面，每个画面的主要功能，以及各画面之间的关系。这一步是项目设计的基础。

2. 组态画面模板

一般在画面模板中组态报警窗口和警报指示器，在系统运行时如果出现了警报消息，在当时显示的画面中将会出现这些对象，也可以将需要在所有画面中显示的画面对象放置在模板中。组态时画面中来自画面模板的对象（如图 2-7 所示上方的警报窗口）的颜色比实际颜色浅。对模板的改动将立即在所有使用模板的画面中生效。

如果在组态某个画面时不想显示画面模板中的对象，在画面工作区，画面中的对象为实际的颜色，而不是浅色。

3. 永久性窗口

可以将所有的画面都需要的对象（例如公司标志或项目的名称）放在用户永久性窗口中。组态时用鼠标将画面顶部的粗线往下拖动，粗线上面即为永久性窗口（见图 2-8）。将需要功效的对象储存在其中，所有其他的画面都将出现相同的对象和水平线。可以在任何一个画面中对永久性窗口的对象进行修改，在其他的画面立刻可以看到修改的效果。运行时不会出现分隔永久性窗口的水平线。

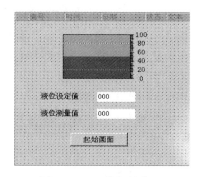

图 2-7　画面模板的作用

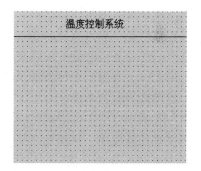

图 2-8　永久性窗口组态

4. 创建画面

双击项目视图中的"新建画面"图标，在工作区将会出现一幅新的画面，画面被自动指定一个默认的名称，例如"画面_1"，同时在项目视图的"画面"文件夹将会出现新画面的图标。

可以使用工具箱中的"简单对象"、"高级对象"和"库"中的对象来生成画面中的对象，可以在"画面浏览"编辑器中创建画面结构，即画面之间的切换关系。

二、画面的管理

用鼠标右键单击项目视图中的"画面"图标，在弹出的快捷菜单中执行"添加文件夹"命令，可以在系统视图中创建画面文件夹，默认的新文件夹名称为"文件夹_1"，也可以将现有的画面拖放到项目中其他画面文件夹内。

用鼠标右键单击项目图示中某一画面的图标，在出现的快捷菜单中（见图 2-9），执行"重命令"、"复制"、"剪切"、"粘贴"和"删除"等命令，可以完成相应的操作。例如执行"复制"命令后，将单击的画面复制到剪贴板。用鼠标右键单击"项目视图"中选择的画面文件夹；执行右键快捷栏菜单中的"粘贴"命令，可以将复制的画面粘贴到该文件夹中，若复制的画面的名称在该文件夹中已存在，则在它的名称后面添加一个连续的数字扩展名；还可以将复制的对象传送到同时打开的另一个 WinCC flexible 项目中。

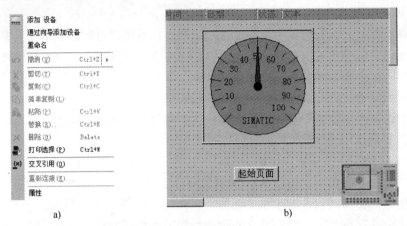

图 2-9 快捷菜单和画面的缩略图

a）快捷菜单 b）画面的缩略图

画面不能在工作区完成显示时，编辑器的右下角（水平、垂直滚动条的交叉处）将出现"平移工具"的图标。单击该图标会出现画面的缩略图（见图 2-9 右下角），缩略图中的蓝色方框内的部分是当前显示的画面区域。单击缩略图未显示的区域，可以将方框移动到指定区域。单击一下画面，缩略图将会消失。

三、组态画面浏览系统

一个较大的项目由多幅画面组成，各个画面之间应能按要求互相切换，组态人员根据操作的需要安排切换顺序，各画面之间的互相关系应层次分明。

1. 实现画面切换的方法

画面切换又称为画面浏览，可以用下列两种方法来组态画面切换：

1）在"画面"编辑器中组态切换到其他画面的按钮和功能键，用集成在按钮和功能键中的系统函数切换画面。

2）用"画面浏览"编辑器来组态画面之间的结构，用鼠标拖放的方法确定各画面之间的关系，组态后画面上将自动生成画面的浏览控件。

2. 画面浏览编辑器

在项目视图中双击"设备设置"文件夹中的"画面浏览"图标，打开画面浏览编辑器。有的 HMI 设备（例如 TP270A）没有画面浏览编辑功能。画面浏览编辑器用图形界面建立画面之间的切换关系，允许以分层结构组织画面。用画面浏览编辑器组态后，各个画面中自动生成一个包含许多预组态的画面浏览按钮的浏览控件，运行时可用这些按钮来调用项目中的其他画面。

浏览控件由若干个按钮组成。单击图 2-10 中最左侧的按钮时，将执行系统函数 Activate-RootScreen（激活根画面），即返回初始画面。单击标有向左或向右的三角形箭头按钮，表

图 2-10 画面浏览编辑器 1

示将切换到画面浏览表及其中位于左侧或右侧的画面。单击标有向上箭头的按钮，将切换到它上面的父画面；单击标有向下箭头的按钮，将切换到第一个子画面。如果有多个子画面，将自动生成相应的画面切换按钮，例如图 2-10 中标有"画面_1"的按钮。

3. 建立画面的结构化关系

首先创建 5 个画面，名称分别为"画面_1"~"画面_5"。打开画面浏览编辑器（见图 2-11）后，在右侧"未使用的画面"视图中显示出没有在浏览系统中组态的画面。在编辑器中各画面用矩形表示，将"画面_1"拖放到编辑器的工作区，它是默认的初始画面，也是下一个插入的画面父画面。与此同时，"画面_1"在"未使用的画面"窗口中消失。将"画面_2"拖放到编辑器中，自动出现一条连接"画面_1"下沿中点和"画面_2"上沿中点的连线，被

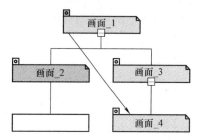

图 2-11　画面浏览编辑器 2

拖放的画面和它的连接线均用灰色显示（见图 2-11 中"画面_2"下面的画面）。松开鼠标左键后，被拖放的画面变为正常的颜色。

在编辑器中选择一个画面作为新加入画面父画面，在"未使用的画面"视图中选择要插入的画面，将它拖放到画面浏览编辑器中它的父画面的下方，使它成为该父画面的子画面。移动父画面时，其子画面也随之一起移动。

如果不能同时显示编辑器中的全部画面，单击编辑器右下角的"平移工具"图标 ✛，将会出现浏览画面的缩略图，其使用方法与画面的缩略图相同。

用鼠标右键单击画面浏览编辑器，在出现的快捷菜单中执行相应的命令，可以缩放结构图视，显示或隐藏"未使用的画面"窗口。执行"旋转"命令，可以改变浏览编辑器中画面的放置方向。用鼠标右键单击编辑器中的某个画面，可以对该画面进行各种操作。

4. 画面对象组态

一些例子需要做在线模拟实验时，用 PLCSIM 和 WinCC flexible 来模拟 PLC 和人机界面的功能。为此在 STEP 7 中生成一个名为"Scren_S7"的项目，在 SIMATIC Manager 中插入一个 HMI 站，设置 HMI 的型号为 5.7in 的 TP270，用 STEP 7 中的网络组态工具 NetPro 实现 WinCC flexible 与 STEP 7 的集成。

除了初始画面之外，还有 10 幅画面。各画面之间以初始画面为中心，采用星形结构。用初始画面中的 10 个画面切换按钮（见图 2-12）来切换到其他画面，其他画面上只有返回主画面的按钮。

（1）IO 域的分类与组态　IO 域的分类，IO 域分为三种模式。

1）输出域：只显示变量的数值。

2）输入域：用于输入要传送到 PLC 的数字、字母或符号，将输入数值保存到指定的变量中。

3）输入/输出域：同时具有输入和输出

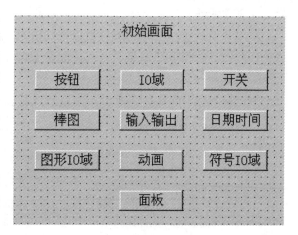

图 2-12　初始画面

功能，可以用它来修改变量的数值，并将修改后的数值显示出来。

（2）IO 域的组态　　在变量表中创建整型变量"变量_1"、"变量_2"和 8 个字节的字符型变量"变量_3"。生成和打开名为"IO 域"的画面，选中工具箱中的"简单对象"，将"IO 域"对象图标拖放到画面编辑器的工作区。在画面上创建 3 个 IO 域对象，如图 2-13 所示。

图 2-13　IO 域的组态

设置这 3 个 IO 域的模式分别为"输入"、"输出"和"输入/输出"。

在输出域的常规属性组态的"常规属性"对话框中，如图 2-14 所示，单击"变量"选择 ▼ 按钮，出现的变量列表中单击 Int 型变量"变量_1"，选中该变量，同时变量列表被关闭，为了观察输入和输出的效果，输入域和输出域连接的变量均为"变量_1"，"格式类型"均为十进制数。

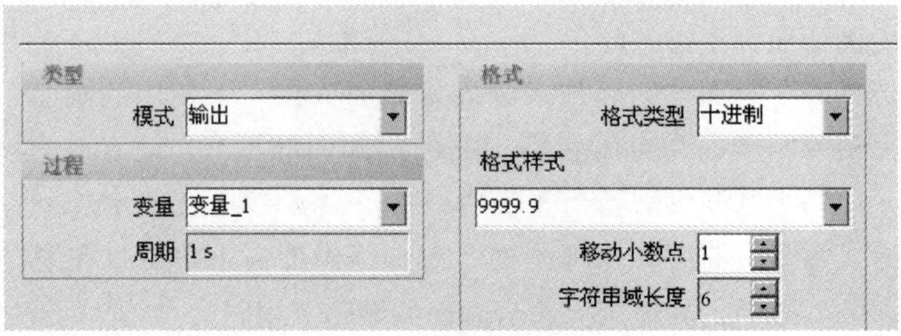

图 2-14　输出域的常规属性组态

输入域显示 4 位整数，组态"移动小数点（小数部分的位数）"为 0，"格式样式"为 9999（4 位），变量的更新周期为默认值 1s（不能修改）。

输出域显示 3 位整数和一位小数，组态"移动小数点（小数部分的位数）"为 1 位，"格式样式"为 9999.9（6 位，小数点也要占一位）。

输入/输出域连接字符型"变量_3"，它的长度为 8 个字节，起始地址为 MB32。在"常规"属性视图中将它的"格式类型"设置为"字符串"，"字符串域长度"设置为 8 个字节，在安排地址时注意不要与其他的变量冲突。

使用"格式类型"选择框，可以选择输入/输出的数据格式为十进制、二进制、十六进制、日期、事件和字符串等，十六进制数只能显示整数。如果数值超出了组态的位数，IO 域显示"###..."。

"外观"组态如图 2-15 所示，输入域被组态为黑色的边框，背景色为浅灰色。

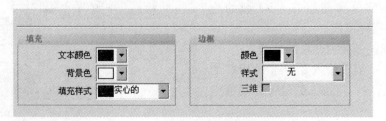

图 2-15　IO 域的外观组态

在"布局"属性中，如图 2-16 所示，选择 IO 域均为"自动调整大小"，边框与显示值的边距默认为 2 点像素。各 IO 域没有设置动画和事件功能。

图 2-16　IO 域的布局组态

在"文本格式"属性中，如图 2-17 所示，一般设置水平方向为"居右"和垂直方向为"中间"。

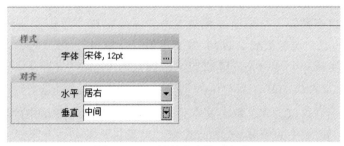

图 2-17　IO 域的文本格式组态

单击图 2-17 所示选择框的▦按钮，在出现的"字体"对话框中，可以设置字体、字的样式（粗体和斜体）以及字的大小，还可以设置是否有下划线和删除线。

5. 按钮组态

按钮最主要的功能是在单击它时执行事先组态好的系统函数，使用按钮可以完成各种丰富多彩的任务。

在按钮的属性视图的"常规"对话框中，可以设置按钮模式为"文本"、"图形"或"不可见"。

（1）用按钮修改变量的值　生成和打开"按钮"画面，选工具箱中的"简单对象"组，将其中的"按钮"对象图标拖放到画面工作区。在按钮的属性视图的"常规"对话框中，设置按钮模式为"文本"。设置"弹起时"的文本为"+5"（见图 2-18）。如果未选中"按下时"复选框，按钮被按下时的文本与弹起时的文本相同；如果选中，按钮被按下时和弹起时可以设置不同的文本。

图 2-18　按钮的常规属性组态

打开按钮属性视图的"事件"类的"单击"对话框（见图2-19），组态在按下该按钮时执行系统函数列表的"计算"文件夹中的系统函数"Increase Value"（增加值），被增加的Int型变量为"变量_4"，增加值为_5。

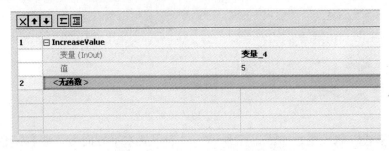

图2-19　按钮触发的事件组态

用同样的方法组态另外一个按钮，其文本为"－5"，在"单击"事件时，执行系统函数"DecreaseSetValue"，设置被减小的Int型变量为"变量_4"，减少值为5。

在按钮的上方生成一个显示3位整数的输出模式的IO域（见图2-20），连接的变量为"变量_4"。单击WinCC flexible工具栏中的 按钮，开始离线模拟运行。如图2-21所示为运行状态的按钮画面。可以看到，单击文本为"＋5"的按钮，IO域中的值加5；单击文本为"－5"的按钮，IO域中的值减5。如果设置"变量_4"的上、下限值，在模拟时可以看到限制的作用。

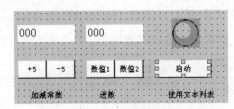

图2-20　按钮画面

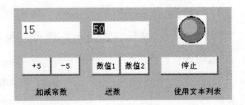

图2-21　运行状态的按钮画面

（2）用按钮设置变量的值　选中工具箱中的"简单对象"组，将其中的"按钮"对象图标拖放到画面工作区（见图2-21）。在按钮的属性视图的"常规"对话框中，设置按钮模式为"文本"，按钮的文本为"数值1"

在按钮属性视图的"事件"类的"单击"对话框（见图2-22）中，组态按下该按钮时执行系统函数的列表"计算"文件夹中的函数"SetValue"（设置值），将变量值20赋值给

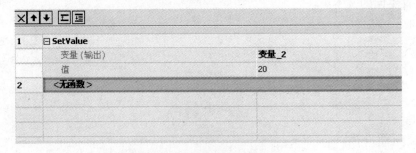

图2-22　按钮的事件功能组态

Int 型变量"变量_2"。

用同样的方法组态另一个按钮，设置"按下时"的文本为"数值 2"，在"单击"事件时，执行系统函数"SetValue"，将变量值 50 赋值给 Int 型变量"变量_2"。

在按钮的上方生成一个显示 3 位整数的输出模式的 IO 域，连接的变量为"变量_2"。

单击 WinCC flexible 工具栏中的 按钮，启动带模拟器的运行系统，开始离线模拟运行。可以看到，单击文本为"数值 1"的按钮，输出域中的值变为 20；单击文本为"数值 2"的按钮，输出域中的值变为 50。

6. 图形输入输出对象组态

棒图用类似于温度计的方式形象地显示数值的大小，例如可以模拟显示水池液位的变化。

在变量表中创建 Int 型变量"液位"，生成和打开名为"棒图"的画面。下面介绍对图 2-23 中最上方的水平放置的棒图的组态。在工具箱中打开"简单对象"，将其中的棒图对象拖放到初始画面中，并调整它的位置和大小。在属性视图的"常规"对话框中，设置棒图的连接 Int 型变量为"液位"，该变量与棒图的最大值和最小值分别为 100 和 0。

图 2-23　棒图的组态

在棒图的属性视图的"外观"对话框中，可以修改前景颜色、背景、棒图颜色、棒图背景颜色和刻度值的颜色。

在"布局"对话框中（见图 2-24），可以改变棒图放置的方向、变化的方向和刻度位置，设置该棒图的刻度位置为"左/上"，棒图的方向为"居左"，即代表前景变量数值从右往左增大，如图 2-25 所示。

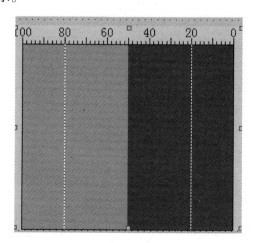

图 2-24　棒图布局设置

图 2-25　棒图数值设置

在"刻度"对话框中（见图 2-26），选择显示刻度和显示标记标签。"大刻度间距"是两个较长的主刻度线之间的数值之差。"标记增量标签"为 2，即在每两个主刻度线之间（数值为 100）设置一个刻度标签，"份数"是两条主刻度线之间的分段数。此外，还可以设置刻度值的总位数（小数部分也要占一位）和小数点后的位数。"总长度"是指刻度值的字符数。修改参数后时，立刻可以看到参数对棒图形状的影响。

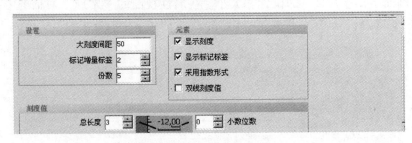

图 2-26　棒图的刻度设置

在属性视图的"属性"类的"闪烁"对话框中可以设置棒图是否闪烁。

在棒图的属性视图的"属性"类的"限制"对话框中，可以设置高于报警范围上限值和低于报警范围下限值时显示的颜色，可以选择是否显示限制线（虚线）和限制标记（限制线处紧靠棒图的三角形）。

7. 量表组态

量表用指针式仪表的显示方法来显示运行时的数字值。下面对量表组态的方法进行介绍。

生成和打开名为"图形输入输出"的画面，如图 2-27 所示，将工具箱的"复杂视图"组中的"量表"图标拖放到画面中。在量表的属性视图的"常规"（见图 2-27）对话框中，可以设置显示物理量的单位，"标签"在量表圆形表盘的下部显示；可以选择是否显示变量的峰值（一条沿半径方向的红线）；可以使用自定义的背景图形和表盘图形。

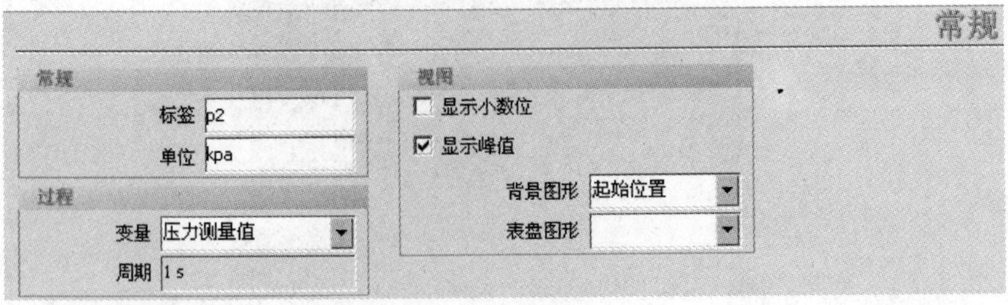

图 2-27　棒图的图形输入输出

如图 2-28 所示，中间量表的矩形背景填充样式和圆形表盘填充样式为"实心的"。如图 2-29 所示，左侧的背景填充样式为"透明的"，表盘的填充样式为"实心的"；右侧的背景填充样式和表盘填充样式均为"透明的"。

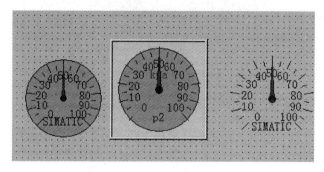

图 2-28　量表样式

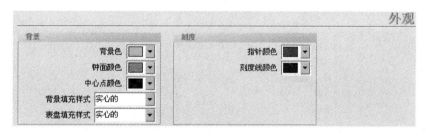

图 2-29　量表的背景设置

在"文本格式"对话框中，可以分别设置"刻度值"、"标题"和"单位文本"的字体、大小和颜色。

在如图 2-30 所示"刻度"对话框中，可以设置刻度的最大值和最小值，以及圆弧的起点和终点的角度。"分度"是指相邻两个刻度之间的数值。量表可以用 3 种不同的颜色来显示正常范围、警告范围和危险范围；可以组态显示范围，以及相邻分界点的数值。

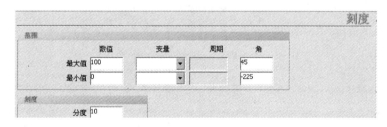

图 2-30　量表的刻度

8. 滚动条组态

滚动条控件用于输入和监控变量的数字值。显示数字值时，滚动条的滑块位置用来指示控件输出的过程，可通过改变滑块的位置来输入数字值。

将工具箱的"复杂视图"组中的"滚动条"图标拖放到"图形输入输出"画面中。滚动条属性视图的"常规"窗口与棒图的"常规"窗口相同，如图 2-31 所示。

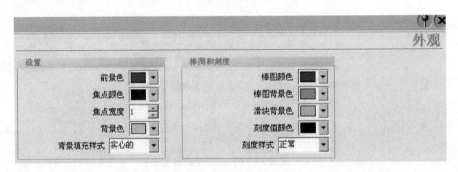

图 2-31　滚动条的常规设置

在"外观"窗口（见图2-32）中，背景填充样式可以选"实心的"，如果选"透明的"将隐藏背景和边框。可以选择隐藏刻度，有3种刻度样式可供选择。

图 2-32　滚动条的外观设置

在"布局"窗口中，可以设置显示或隐藏部件，如图2-33所示。

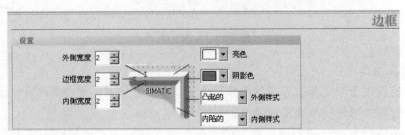

图 2-33　滚动条的布局组态

在"边框"窗口中，用图形形象地说明了边框中各参数的意义，如图2-34所示。

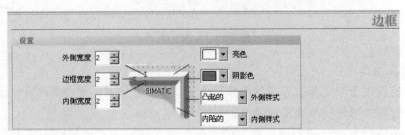

图 2-34　滚动条的边框组态

第四节　数据的上传和下载

一、传送的基本概念

传送包括项目文件的下载、反向传送、更新操作系统、备份数据和传送授权等。使用得最多的是项目文件的下载。

1. 下载过程

下载是指将一个完整的项目文件传送到要运行的 HMI 设备上。完成组态过程后，执行菜单命令"项目"→"编译器"→"检查一致性"。一致性检查成功后，系统将生成编译的扩展命为".fwx"的项目文件，其文件名与项目名称相同，然后可以将编译的项目文件传送到组态的 HMI 设备中。也可以不经过一致性检查，直接将编译的项目文件传送到 HMI 设备中，在传送之前，系统将会自动进行一致性检查，通过检查后才会将项目文件下载。

2. 传送模式

1）串行接口或 USB：通过连接组态计算机和 HMI 设备的串行通信电缆或 USB 电缆进行传送。用串行通信电缆进行传送时，应选择可能的最高传输速率。传输速率较低时，要传送大量数据可能需要几个小时。

2）以太网网络连接：组态计算机和 HMI 设备位于同一个以太网网络中，或者以点对点方式连接。组态计算机各 HMI 设备之间的传送操作是通过以太网连接进行的。

二、串行下载方法

1. 下载要求

下载电缆选择，对于 KTP1000 Basic DP，以下三种型号的 PC/PPI 电缆都是可用的：6ES7901-3BF20-0XA0、6ES6901-3BF21-0XA0 和 6ES7901-3CB30-0XA0；如图 2-35 所示。

a)

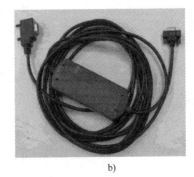
b)

图 2-35　电缆
a) 6ES6901-3BF21-0XA0　b) 6ES7901-3CB30-0XA0

注意：西门子的 PC/PPI 电缆都有如图 2-35 所示的适配器（电缆中间的方盒子），如果您的电缆没有适配器，表明电缆并非西门子产品，不支持计算机界面的下载。

另外，也可以使用 6ES7901-3DB30-0XA0（USB 口）PC/PPI 电缆进行下载，但要求 USB V5 版本电缆（即适配器上标有 E-STAND：05），如图 2-36 所示。

电缆连接方法：

1）对于 PC/PPI 电缆，将其 232 接头（稍短的一端）连接到计算机串行接口上，将其 485 接口（稍长的一段）连接到面板下部的接口上。

2）对于 USB/PPI 电缆，将其接头连接到计算机的 USB 接口上，将其 485 接头直接连接到面板下部的接口上。

图 2-36　6ES7901-3DB30-0XA0 电缆

2. 下载设置

（1）面板端的设置

1）面板通电后，进入 Windows CE 操作系统，弹出菜单，如图 2-37 所示，选择 Control Panel 选项。

2）进入控制面板后，双击"Transfer"，如图 2-38 所示。

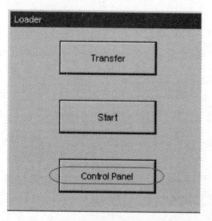

图 2-37　启动菜单

图 2-38　控制面板

3）进入传送设置画面后，使能 Channel1，如图 2-39 所示。

设置完成后保存设置（单击通信参数设置画面及传送设置画面中的"OK"键），关闭控制板画面，单击启动菜单中的"Transfer"选项，如图 2-40 所示。

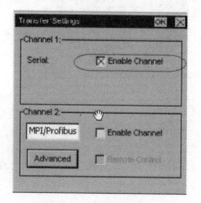

图 2-39　传送设置画面

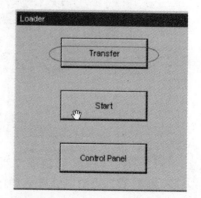

图 2-40　启动"Transfer"

如图 2-41 所示，画面将显示"Connecting to host …"，表明面进入传送模式，面板上的设置完毕。

（2）电缆的设置　　在本例中使用的 6ES7901-
3CB30-0XA0（PC/PPI 电缆），该电缆的适配器侧面包
含 8 个拨码器开关，可以将所有拨码开关设置为 0 或者
根据 WinCC flexible 软件中的串行接口速率进行设置，
将 DIL 开关 1~3 设置为与在 WinCC flexible 中的相同的
值。DIL 开关 4~8 必须位于 "0"。此例中拨码开关的
前三位为 110，表明计算机串行接口的波特率为

图 2-41　显示 Connecting to host 界面

115.2kbit/s，建议指定速率，这在 OS 更新时尤为重要。其余的拨码开关的设置请参考 PC/
PPI 电缆的有关说明。

三、WinCC flexible 的传送设置

1. 功能的目的、条件以及适用范围

WinCC flexible 2005 及以上，对所有西门子触摸屏均适用（文本显示器，如 TD200、
TD400C 不适用，直接在 Micro/Win V4.0sp4 以及以上版本的向导中编辑即可，无需组态）。

2. 原理及图框

原理及图框如图 2-42 所示。

3. 功能说明

1）通信设置：a > Set PG/PC interface
b > 触摸屏中的 seting c > WinCC flexible 中
的设定。

2）项目备份和上传。

4. 所需软硬件

1）硬件：OP117B DP/PN，PC ADAPT-
ER USB 通信线。

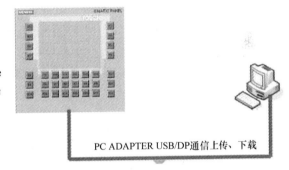

PC ADAPTER USB/DP通信上传、下载

图 2-42　原理及图框

2）软件：WinCC flexible 2007，PC ADAPTER USB 驱动软件包。

5. 操作过程

1）WinCC flexible 设定。选择 HMI 站地址（见图 2-43）、通信协议 PROFIBUS。

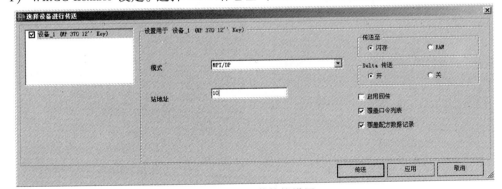

图 2-43　通信协议设置

2）传送。首先将 PC 与 HMI 连接，启动触摸屏，选择 Transfer 状态（见图 2-44）。单击
传送，项目自动编译，如果没有错误，即可下载。

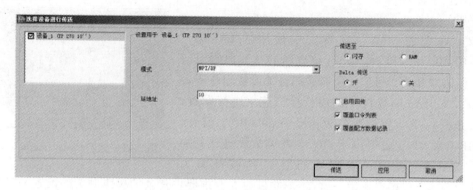

图 2-44　HMI 传送设置

四、反向传送

1. 反向传送的概述

在传送操作时，通常仅将可执行的项目文件传送给 HMI 设备原始项目数据保留在组态设备上，用于将来进一步开发项目或用于错误分析。

可以将已压缩的源数据文件与编译好的项目文件一起，传送到具有外部存储介质的 Windows CE 操作系统的设备上。压缩的源数据文件与项目同名，扩展名为 . pdz。如果有必要，可以将 HMI 设备中的源数据文件反向传送给组态计算，可以用该数据文件夹来恢复组态时使用的项目源文件（. pdb）。在传送设置对话框中为相应的 HMI 设备选中"启用反向传送"复选框，压缩后的源数据文件随同已编译的项目文件一起传送到 HMI 设备中。

2. 反向传送的要求

HMI 设备上必须具有足够的可用存储空间，以存储压缩后的源数据文件。如果由 Windows CE 设备提供反向传送操作的源数据文件，该设备必须配备外部存储卡。

在反向传送操作时，. pdz 文件被保存在组态计算机上。如果在反向传送时 WinCC flexible 中有打开的项目，将提示保存并关闭该项目。然后，反向传送的项目被压缩并在 WinCC flexible 中打开。保存项目时，必须为反向传送的项目指定一个名称。

第三章 触摸屏、PLC 及变频器的通信连接

第一节 触摸屏与 PLC 的通信连接

一、通信接口

1. RS-232 接口

RS-232 串行通信接口标准是由电子工业协会（Electronic Industries Association，EIA）公布的串行接口标准，RS 是推荐标准，232 是标志号。它既是一种协议标准，也是一种电气标准，规定了终端和通信设备之间信息交换的方式和功能。至今仍在计算机和 PLC 中广泛使用。

RS-232 接口采用负逻辑，用 $-5 \sim -15V$ 表示"1"，用 $+5 \sim +15V$ 表示"0"。采用按位串行的方式单端发送、单端接收，传送距离近（最大传送距离为 15m），数据传输速率低（最高传输速率为 20kbit/s），抗干扰能力差。

2. RS-485 接口

RS-485 接口是 RS-422 的变形，与 RS-422 相比，只有一对平衡差分信号线，以半双工方式传送数据，在远距离高速通信中，以最少的信号线完成通信任务，因此在 PLC 的控制网络中广泛应用。

使用 RS-485 通信接口和双绞线可以组成串行通信网络，构成分布式系统，系统中最多可以有 32 个站，新的接口器件已允许连接 128 个站。

3. RS-422 接口

EIA 于 1977 年制定了串行通信标准 RS-499，对 RS-422 的电气特性进行了改进，RS-422 是 RS-499 的子集。

RS-422 接口采用两对平衡差分信号线，以全双工方式传送数据，通信速率可达 10Mbit/s，最大传送距离为 1200m。抗干扰能力较强，适合远距离传送数据。

二、西门子 PLC 的网络概述

西门子 PLC 网络构架如图 3-1 所示。

1. MPI 网络

MPI 网络可用于单元层，是 SIMATIC S7、M7 和 C7 的多点接口。从根本上来说，MPI 是一个 PG 接口，被设计用来连接 PG（为了启动和测试）和 OP（人-机接口）。MPI 网络只能用于连接少量的 CPU。

2. 工业现场总线(PROFIBUS)

PROFIBUS 是用于单元层和现场层的通信系统。有两个版本：一是对时间要求不严格的

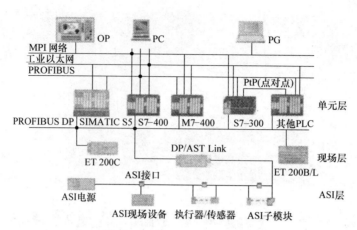

图 3-1 西门子 PLC 网络构架

PROFIBUS，用于连接单元层上对等的智能节点；另一个是对时间要求严格的 PROFIBUS DP，用于智能主机和现场设备间的循环的数据交换。

3. 工业以太网

工业以太网（Industrial Ethernet）用于工厂管理和单元层的通信系统。系统对时间要求不严格，但需要传输大量数据的通信系统，可以通过网关设备来连接远程网络。

4. 点到点连接

点到点连接（Point-to-point Connections）最初用于对时间要求不严格的数据交换，可以连接两个站或连接下列设备到 PLC，如打印机、条码扫描器、磁卡阅读机等。

5. 执行器/传感器接口

执行器/传感器接口（Actuator-Sensor-Interface，ASI）是位于自动控制系统最底层的网络，根据 IEC TG 178 标准，可以将二进制传感器和执行器连接到网络上。

6. 西门子集成通信网络

（1）西门子 PLC 的通信方式　SIMATIC 的通信方式分为同源通信方式和非同源通信方式。同源通信是在 S7 元件之间使用 S7 协议的通信，包括：系统通信、GD（网络中的全局数据）、SFB（系统功能块）；非同源通信（开放式）是在 S7 元件与 S5 元件之间的通信，以及 S7 元件和非西门子元件之间的、使用任意协议的通信，如图 3-2 所示。

（2）MPI 通信技术

1）概述。MPI 连接的优点是 CPU 可以同时与多个

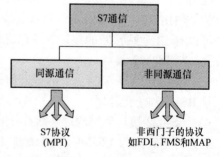

图 3-2　通信方式

设备建立通信联系，也就是说，编程器、HMI 设备和其他的 PLC 可以连接在一起并同时运行。编程器通过 MPI 接口生成的网络还可以访问所连接硬件站上的所有智能模块，MPI 接口可同时连接其他通信对象的数目取决于 CPU 的型号。

MPI 接口的主要特性为：

① RS-485 物理接口。

② 传输速率为 19.2kbit/s 或 187.5kbit/s 或 1.5Mbit/s。

③ 最大连接距离为 50m（2 个相邻节点之间）。有中继器时为 1100m，采用光纤和星状连接时为 23.8km。

④ 采用 PROFIBUS（工业现场总线）元件（电缆、连接器）。

2）MPI 通信组网，如图 3-3 所示。

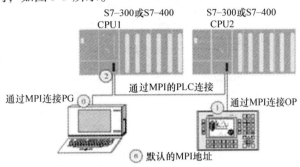

图 3-3　MPI 通信组网

（3）工业以太网通信技术　工业以太网必须反应灵活并能在短时间内满足控制要求，必须确保网络的容量和最大限度地使用其机器及设备，将停机时间减少到最小。所有的生产过程和管理进程必须互动。这就要求在自动化和信息技术领域中使用的工业网络必须满足以下几个前提条件：

1）从传感器/执行器层到工厂管理层传送连续的信息流。

2）整个网络每个站点的信息有效性。

3）在工厂部门间实现数据快速交换。

SIMATIC NET 工业以太网体系结构主要由拓扑结构、网络部件、通信处理器和 SIMATIC NET 软件组成。

（4）SIMATIC NET 工业以太网的网络部件　SIMATIC NET 工业以太网是基于 IEEE802.3 协议，利用 CSMA/CD 介质访问方法的单元级和控制级传输网络。一个数据终端设备（DTE）直接连接到网络连接元件端口，而该设备负责将信号进行放大和转发。在 SI-MATIC NET 工业以太网中，网络连接部件包括快速连接插座（FC）、光学连接模块（OLM）、电气连接模块（ELM）、光学转换模块（OSM）、电气转换模块（ESM）和工业以太网链路模块（OMC）。DTE 与连接元件之间通过 TP 或 ITP 电缆连接。

（5）SIMATIC NET 工业以太网通信介质　在西门子工业以太网中，通常使用的物理传输介质是屏蔽双绞线（TP）、工业屏蔽双绞线（ITP）以及光纤。TP 连接常用于点对点的连接。

三、S7-200 PLC 与 TP270 触摸屏的通信设置

1）双击打开 V4.0 STEP 7 软件，单击软件左下方"程序块"，如图 3-4 所示。选择通信端口，设置"端口 0"和"端口 1"调整波特率为 187.5kbit/s，单击"确定"。

2）双击打开 WinCC flexible 2007 软件，单击项目中的连接，出现如图 3-5 所示界面，设置"HMI"设备波特率为 187.5kbit/s（与 PLC 一致），设置"网络"为 MPI 连接，设置"PLC 连接"地址为 2。

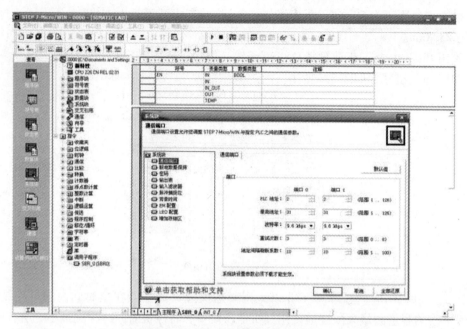

图 3-4　TP270 触摸屏的通信设置

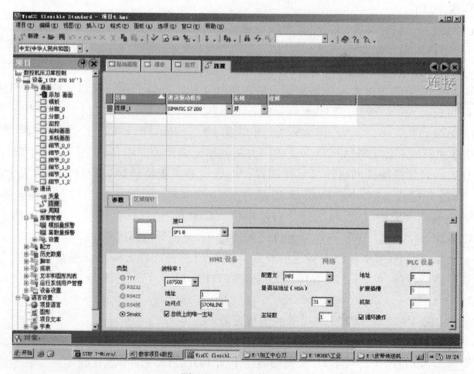

图 3-5　项目连接界面

3）双击打开 WinCC flexible 2007 软件，单击软件上方的 ⬇ 键，如图 3-6 所示，设置"模式"为串行，设置"模式"为 COM1（与数据线连接端口一致）。单击"传送"，画面组态传入触摸屏。

图 3-6　传输模式设置

第二节　触摸屏与变频器的通信连接

一、通信线制作

变频器端的通信接口为变频器左侧的 4 芯电话线 485 接口，485 通信接口最上面为 1 脚（5V 电源），向下依次为 2 脚（数据通信 B－）、3 脚（数据通信 A＋）和 4 脚（电源 GND）。西门子 TP270 的 COM1 为 RS-485 2Wire 9P D-SUB，如图 3-7 所示。

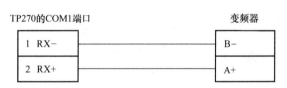

图 3-7　变频器通信设置

二、MM440 变频器的安装与接线

MM440 变频器的安装与接线如图 3-8 所示。

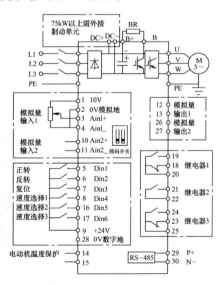

图 3-8　变频器的安装与接线

三、操作介绍

1. 基本操作板

基本操作面板如图 3-9 所示。

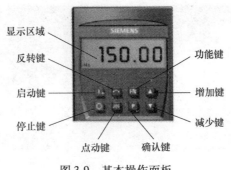

图 3-9　基本操作面板

2. BOP 参数修改

下面通过将参数 P1000 的第 0 组参数，即设置 P1000 [0] =1 的过程为例，介绍一下通过操作 BOP 修改参数，如图 3-10 所示。

	操作步骤	BOP显示结果
1	按 P 键，访问参数	-0000
2	按 ▲ 键，直到显示 P1000	P1000
3	按 P 键，显示 in000，即P1000的第0组值	in000
4	按 P 键，显示当前值 2	2
5	按 ▼ 键，达到所要求的数值 1	1
6	按 P 键，存储当前设置	P1000
7	按 FN 键显示 r0000	-0000
8	按 P 键，显示频率	5000

图 3-10　BOP 参数修改

四、本地远程控制

本地远程控制主要用于现场（机旁箱）手动调试，远程（中控室）运行的转换。变频器软件本身具备 3 套控制参数组（CDS），在每组参数里边设置不同的给定源和命令源，选择不同参数组，从而实现本地远程控制的切换。

例如，本地由操作面板（BOP）控制，远程操作由模拟量和开关量控制，以 DIN4（端子 8）作为切换，如图 3-11 所示。需要设置以下的一些参数：P1000 [0] =2，P0700 [0] =2，第 0 组参数为本地操作方式；P1000 [1] =1，P0700 [1] =1，第 1 组参数为远程操作方式；P0704 [0] =99，P0810 =722.3 通过 DIN4 作为切换命令。

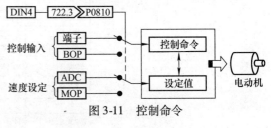

图 3-11　控制命令

五、通信参数设置

为了能使触摸屏与变频器通信，本文采用标准 ModbusRTU 协议。变频器通信参数设置如下：F200 =4，启动指令来源 4：控制面板 + 端子 + Modbus；F201 =4，停机指令来源 4：控制面板 + 端子 + Modbus；F203 =10，主频率来源 X 10：Modbus；F900 =1，变频器地址

1；F901 = 2，Modbus 模式选择 2：RTU 模式；F903 = 0，奇偶校验选择 0：无校验；F904 = 3，波特率选择 3：9600。

六、变频器功能码与触摸屏通信地址对应关系及应用设置

功能码表示地址方法：高字节去掉前面的 F，低字节转换为十六进制，然后转换成十进制再加 1。例如，变频器的目标频率功能码为 F113（面板显示），高字节 F1 去掉 F 为 01，低字节 13 转换成十六进制为 0D，将 010D（十六进制）转换为 269（十进制），再加 1，等于 270。这时可以在组态软件中通过数值输入元件修改地址 270 的值，然后就可以在触摸屏上来控制变频器的频率了，如图 3-12 所示。

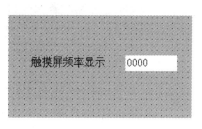

图 3-12 触摸屏显示

七、MM440 变频器的通信

1）MM440 变频器可以通过 PROFIBUS 模块、DeviceNet 模块和 CANopen 模块连接到相应的控制系统中。

2）MM440 变频器本身具备 RS-485 通信端口，用户根据 USS 协议通过西门子 S7-200 PLC 控制变频器，也可以根据 USS 协议自行编制程序，对变频器无需增加任何硬件，即可构成一个控制系统。

3）MM440 变频器可以通过 PC 至变频器的连接组合件，连接到 RS-232 接口，通过随机软件 starter 来实现在线监控，修改装置参数，进行故障检测和复位。

八、触摸屏直接控制变频器与 PLC 控制变频器的比较

1. 优点

1）节约成本。通过 PLC 控制变频器时，PLC 本身在整个控制系统造价中占的比例就相当大，而且要用到其周边模块、按钮、开关、电磁继电器等，都使成本大大增加；而用触摸屏控制变频器，2 根通信线就可以做到。

2）设计简单。只需将触摸屏与变频器之间 2 根通信线连接，通过组态软件将对应参数进行设置，然后编程就可以直接应用；而用 PLC 控制时，接线就比较复杂。

3）用户操作简便。变频器的控制按钮都集中在触摸屏上，一目了然，变频器的运行状况都能很好地呈现出来，便于用户操作与监控。

2. 缺点

1）对变频器有要求。要求变频器要有 RS-485 接口，不过现在大多数变频器都有。

2）不适用多电动机同步起动。电动机同步起时，变频器采用 RS-485 的半双工通信方式，同一时间只能有 1 台变频器与触摸屏进行通信。2 个或多个变频器同时传输数据会导致通信失败，会使 1 台触摸屏控制的几台变频器不能同步起动，在一些要求几个电动机同步起动的场合下是不能使用的。

3）对触摸屏有要求。触摸屏的容量要足够大，否则编写的宏指令程序不能载入到触摸屏中。

第三节　PLC 与变频器的通信连接

以 S7-200 PLC 为例来说明 PLC 与 MM440 变频器之间的 USS 通信。

一、S7-200 与 MM440 变频器装置连接

1）安装 MicroWin software（V3.2 以上）以及 USS 协议库。

2）PC/PPI 电缆、S7-200、电源模块和通信电缆。

3）MM440 驱动装置及一台 PC。

二、在使用 MicroWin software 创建项目之前，先检查 USS 协议是否正确安装，如图 3-13所示。

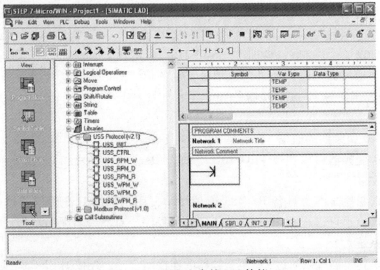

图 3-13　STEP 7 中的 USS 协议

三、需要创建一个简单的窗口

1. 通信接口设置（见图 3-14）

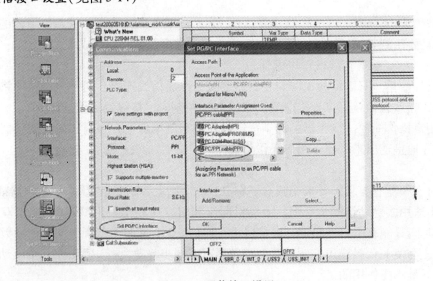

图 3-14　通信接口设置

2. S7-200 与 MM440 变频器通信连接

用电缆将 S7-200 PORT0 端口与 MM440 变频器的 RS-485 接口相连接，注意：端口连接规则，MM440 是 3 对 29、8 对 30，如图 3-15 所示。

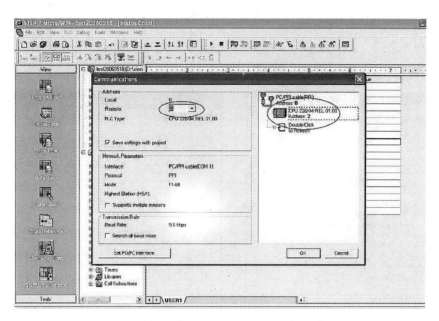

图 3-15　S7-200 与 MM440 变频器通信连接

3. 初始化 S7-200 的 PORT0 端口

使用 USS 协议的初始化模块初始化 S7-200 的 PORT0 端口，如图 3-16 所示，二进制 2# 1000 0000 0000 表示要初始化 USS 地址为 11 的变频器，波特率为 9600bit/s，此波特率要与 PC/PPI 电缆的设置相同。

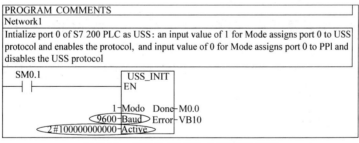

图 3-16　初始化 S7-200 的 PORT0 端口

4. 变频器参数

使用 USS_CTRL 模块来控制 USS 地址为 11 的变频器，为了运行变频器需要按照表 3-1 中参数设置参数。

表 3-1　变频器参数

参　　数	USS（MM440/MM430/MM420）	USS3（CUD2：X162）
P700	5	5
P1000	5	5
P2010	P2010.0＝6	6
P2011	P2011.0＝11	11
P2012	P2012.0＝2	2
P2013	P2013.0＝127	127
P2014	P2014.0＝0	0

5. 库存储器选择

在编译程序之前，选择 Program Block→Library then right mouse click：select Library Memory。在单击 Suggested Address 选择 V 存储区的地址后，单击"OK"按钮退出，如图 3-17 所示。

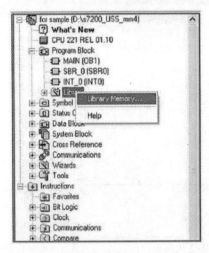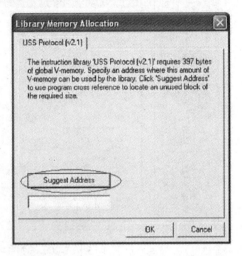

图 3-17　库存储器选择

6. 编译程序并运行

编译程序并下载到 S7-200 PLC 中，运行程序，在状态中将 RUN 位置 1，并输入速度给定，如图 3-18 所示，这时变频器就会按照指定的频率运行起来了，如果运行不起来，请察看 VB11 中的值，确定故障原因。

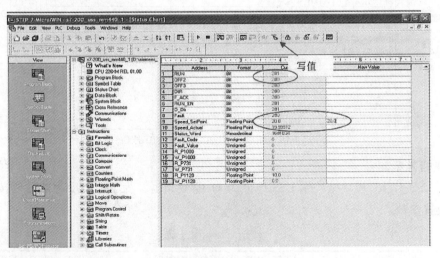

图 3-18　速度给定输入

（1）读写 U16 类型参数　例如，读写参数 P1000，使用 USB_RPM_W 和 USS_WPM_W（这两个功能块用来读写 16 位无符号整数）。

1）读参数 P1000，其数据类型为 U16，表示 16 位无符号整数，其程序块如图 3-19 所示。

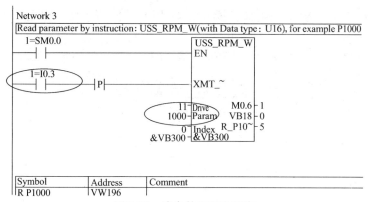

图 3-19　读参数 P1000 程序

在运行此程序块的情况下，只要给 S7-200 的 I0.3 置一个上升沿，就可以完成一次对参数 P1000 的读操作，读入的值被保存到 R_P1000。需要特别注意的是，USS_RPM_W 的 IN-DEX 值必须要置 0，因为 MM440 默认的是 PXXXX.0 参数组。

2）写参数 P1000，其程序块如图 3-20 所示。

在运行此程序块的情况下，只要给 S7-200 的 I0.4 置一个上升沿，就可以完成一次对参数 P1000 的写操作，将 W_P1000 中保存的值写入到参数 P1000。USS_WPM_W 的 EEPROM 是逻辑"0"时，写入的值被保存到变频器的 RAM 中。EEPROM 中写数据是有次数限制的，最多不要超过 50000 次。

3）读写参数 P1000 的操作图 3-21。

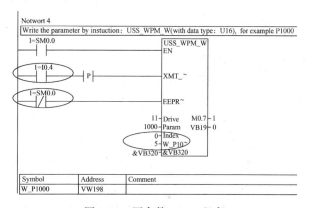

图 3-20　写参数 P1000 程序

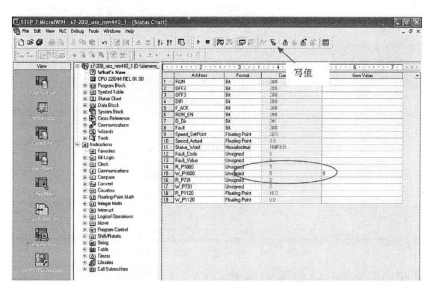

图 3-21　读写参数 P1000 的操作

（2）读写 U32 类型参数　例如，读写参数 P731，使用 USS_RPM_D 和 USS_WPM_D（这两个功能来读写 32 位无符号整数）。

1）读参数 P731，其数据类型为 U32，表示为 32 位无符号整数，其程序如图 3-22 所示。

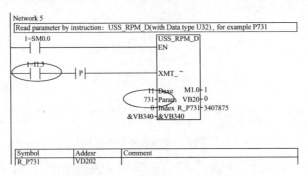

图 3-22　读参数 P731 程序

在运行此程序块的情况下，只要给 S7-200 的 I1.3 置一个上升沿，就可以完成一次对参数 P731 的读操作，读入的值被保存到 R_P731。

2）写参数 P731，其程序如图 3-23 所示。

在运行此程序的情况下，只要给 S7-200 的 I0.6 置一个上升沿，就可以完成一次对参数 P731 的写操作，将 W_P731 中保存的值写入到参数 P731。

3）读写参数 P731 的操作如图 3-24 所示。

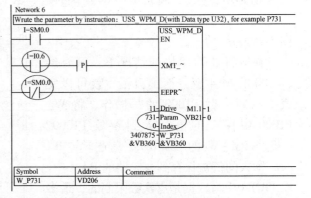

图 3-23　写参数 P731 程序

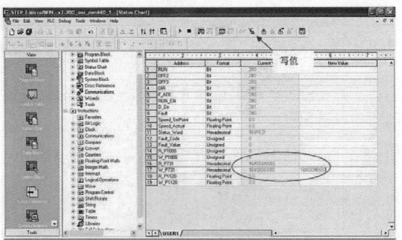

图 3-24　读写参数 P731 的操作

W_P731 里的值 16#00340003 中的 34 表示 52，而 3 表示 3，所以此操作是向参数 P731 中写入 52.3。

（3）读写 FLOAT 类型参数 例如读写参数 P1120，使用 USS_RPM_R 和 USS_WPM_R（这两个功能块用来读写浮点数）。

1）读参数 P1120，其数据类型为 Float，表示浮点数，其程序如图 3-25 所示。

在运行此程序的情况下，只要给 S7-200 的 I0.7 置一个上升沿，就可以完成一

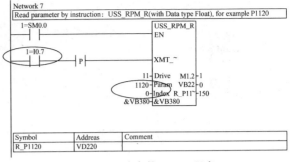

图 3-25　读参数 P1120 程序

次对参数 P1120 的读操作，读入的值被保存到 R_P1120。

2）写参数 P1120，其程序如图 3-26 所示。

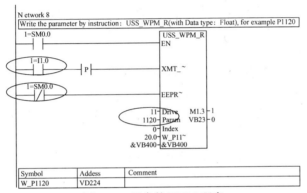

图 3-26　写参数 P1120 程序

在运行此程序的情况下，只要给 S7-200 的 I1.0 置一个上升沿，就可以完成一次对参数 P1120 的写操作，将 W_P1120 中保存的值写入到参数 P1120。

3）读写参数 P1120 的操作如图 3-27 所示。

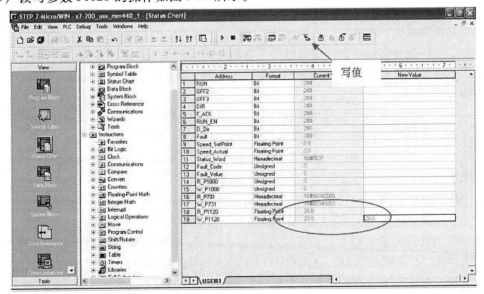

图 3-27　读写参数 P1120 的操作

第四章 触摸屏的综合运用

第一节 用触摸屏、PLC 改造 Z3050 型摇臂钻床的电气电路

一、技术要求

（1）根据任务，设计主电路，列出 PLC 控制 I/O（输入/输出）元件地址分配，设计梯形图及 PLC 控制 I/O（输入/输出）接线。

（2）安装 PLC 控制电路，熟练正确地将所编程序输入 PLC；按照被控设备的动作要求进行安装调试，达到设计要求。

（3）电路 Z3050 型摇臂钻床电路如图 4-1 所示。

二、操作步骤

1. 电路设计分析

（1）Z3050 型摇臂钻床的运动形式

1）主运动。摇臂钻床主轴带钻头（刀具）的旋转运动。

2）进给运动。摇臂钻床主轴的垂直运动（手动或自动）。

3）辅助运动。辅助运动用来调整主轴（刀具）与工件的纵向、横向，即水平面上的相对位置以及相对高度。

（2）Z3050 型摇臂钻床电气控制电路主电路分析 Z3050 型摇臂钻床机械设备一共有四台电动机，除了冷却泵电动机采用断路器直接起动外，其余的三台异步电动机都采用交流接触器直接起动。

1）M1 为主轴电动机，它是由交流接触器 KM1 来控制的，只要求单方向的旋转，主轴的正、反转由机械手柄来操作。M1 安装于主轴箱的顶部，拖动主轴及进给传动系统来运转。热继电器 FR1 作为电动机 M1 的过载保护和断相保护，而短路保护由断路器 QF1 中的电磁脱扣装置来负责。

2）M2 为摇臂升降电动机，它安装于立柱的顶部，由接触器 KM2 和 KM3 来控制其正、反转。因为摇臂升降电动机 M2 是间断性的工作，所以不用设置过载保护。

3）M3 为液压夹紧电动机，由交流接触器 KM4 和 KM5 来控制其正、反转，热继电器 FR2 作为过载保护和断相保护。电动机 M3 的主要作用是拖动液压泵供给液压装置液压油，以实现摇臂、立柱和主轴箱的松开及夹紧。

摇臂升降电动机 M2 和液压夹紧电动机 M3 共用断路器 QF3 中的电磁脱扣器作短路保护。

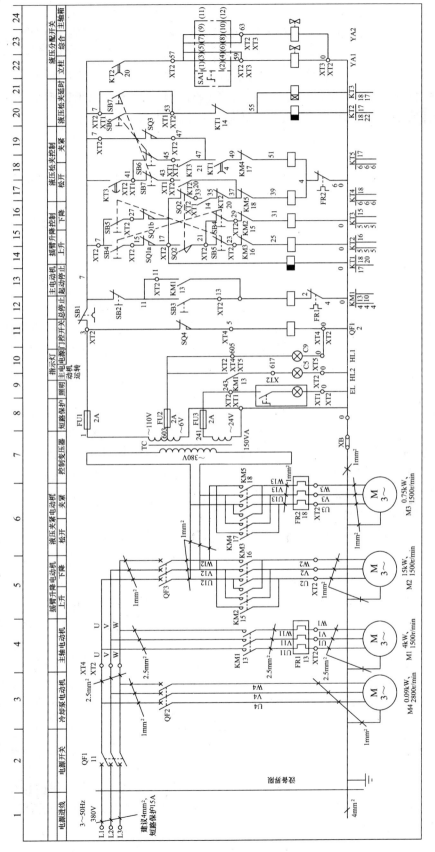

图 4-1 Z3050 型摇臂钻床电路

4）M4 为冷却泵电动机，它由断路器 QF2 直接来控制，并且实现短路保护、过载保护和断相保护。

电源配电盘在立柱的前下方。冷却泵电动机 M4 安装于靠近立柱的底座上，升降电动机 M2 装于立柱的前下方，其余电气设备置于主轴箱或摇臂上。由于 Z3050 型摇臂钻床的内、外立柱间未装设汇流环，所以在使用时，请勿沿一个方向连续地转动钻床的摇臂，以避免发生事故。

主电路的电源电压是交流 380V，断路器 QF1 作为电源引入的开关。

（3）控制电路分析　控制电路电源由控制变压器 TC 降压后供给 110V 的电压，熔断器 FU1 作为短路保护。

1）开机前的准备工作。为保证操作的安全，本钻床应具有"开门断电"的功能。因此，开机前应将立柱下方及摇臂后方的电门盖关好，才能接通电源。合上 QF3（5 区）及总电源开关 QF1（2 区），则电源的指示灯 HL1（10 区）会点亮，说明钻床的电气电路已经进入了带电状态。

2）主轴电动机 M1 的控制。按下起动按钮 SB3（12 区），交流接触器 KM1 吸合并且自锁，使主轴电动机 M1 起动运转，同时指示灯 HL2（9 区）点亮；按下停止按钮 SB2（2 区），则交流接触器 KM1 释放，使主轴电动机 M1 停止运转，同时指示灯 HL2 熄灭。

3）摇臂升降的控制。按下上升按钮 SB4（15 区）（或按下下降按钮 SB5），则时间继电器 KT1（14 区）通电而吸合，其瞬时闭合的常开触头（17 区）闭合，交流接触器 KM4 线圈（17 区）通电，液压夹紧电动机 M3 起动且正向运转，供给液压油。液压油经分配阀体进入摇臂的"松开油腔"，推开活塞移动，活塞便推动菱形块，将摇臂松开。与此同时，活塞杆通过弹簧片压下位置开关 SQ2，使其常闭触头（17 区）断开，常开触头（15 区）闭合。位置开关 SQ2 的常闭触头（17 区）切断了交流接触器 KM4 的线圈电路，KM4 主触头（6 区）断开，液压夹紧电动机 M3 停止工作。位置开关 SQ2 的常开触头（15 区）使交流接触器 KM2（或 KM3）的线圈（15 区或 16 区）通电，KM2（或 KM3）的主触头（5 区）接通 M2 的电源，摇臂升降电动机 M2 起动并运转，带动摇臂的上升（或下降）。假如此时的摇臂尚未完全松开，位置开关 SQ2 的常开触头则不能闭合，使交流接触器 KM2（或 KM3）的线圈无电，摇臂就不能上升（或下降）。

当摇臂上升（或下降）到所需要的位置时，就松开按钮 SB4（或 SB5），那么接触器 KM2（或 KM3）及时间继电器 KT1 就同时断电释放，摇臂升降电动机 M2 就停止运转，随之摇臂便停止上升（或下降）。

因为时间继电器 KT1 断电释放，经过 1～3s 延时后，其延时闭合的常闭触头（18 区）闭合，使交流接触器 KM5（18 区）吸合，液压夹紧电动机 M3 反向运转，随之泵内液压油经分配阀进入摇臂的"夹紧油腔"，使摇臂夹紧。在摇臂夹紧后，活塞杆推动弹簧片压下位置开关 SQ3，其常闭触头（19 区）断开，交流接触器 KM5 断电释放，液压夹紧电动机 M3 最终停止运转，就完成了摇臂的松开至上升（或下降），再由上升（或下降）到夹紧的整套动作。

组合开关 SQ1a（15 区）和 SQ1b（16 区）作为摇臂升降的超程限位保护开关。当摇臂上升到极限位置时，压下 SQ1a 使其断开，交流接触器 KM2 便断电释放，摇臂升降电动机 M2 就停止运转，摇臂即停止上升；同理，当摇臂下降到极限位置时，就会压下 SQ1b 使其断开，使交流接触器 KM2 断电释放，摇臂升降电动机 M2 就会停止运转，摇臂即刻停止下降。

摇臂的自动夹紧装置由位置开关 SQ3 控制。假如液压夹紧系统出现了故障，就不能自动夹紧摇臂，或者因为位置开关 SQ3 调整不当，则在摇臂夹紧之后就不能使位置开关 SQ3 的常闭触头断开，这都要使液压夹紧电动机 M3 因为长期地过载运行而使其损坏。因此，电路中不仅要设有热继电器 FR2，而且其整定值也应根据液压夹紧电动机 M3 的额定电流进行整定。

摇臂升降电动机 M2 的正、反转交流接触器 KM2 和 KM3 不允许同时得电动作，以防止电源相与相之间短路。为了避免因为操作失误、主触头熔焊等而造成的短路事故，在摇臂上升和下降的控制电路中都采用了交流接触器的联锁和复合按钮的联锁，以此来确保电路能够安全地工作。

4）立柱和主轴箱的夹紧与放松控制。立柱和主轴箱的夹紧（或放松）既可以同时进行，也可以单独进行，由转换开关 SA1（22～24 区）和复合按钮 SB6（或 SB7）（20 和 21 区）进行控制。SA1 共有三个位置，扳到中间位置时，立柱和主轴箱的夹紧（或放松）同时进行；扳到左边位置时，主轴箱夹紧（或放松）。其中复合按钮 SB6 为松开控制按钮，复合按钮 SB7 为夹紧控制按钮。

① 立柱和主轴箱同时松开、夹紧。将转换开关 SA1 拨到中间位置，然后按下松开按钮 SB6，时间继电器 KT2、KT3 的线圈（20 和 21 区）同时得电。时间继电器 KT2 的延时断开的常开触头（22 区）瞬时闭合，则电磁铁 YA1、YA2 得电并吸合，液压夹紧电动机 M3 正转，液压油进入立柱及主轴箱的松开油腔，使立柱和主轴箱同时松开。

当松开按钮 SB6，则时间继电器 KT2 和时间继电器 KT3 的线圈断电释放，KT3 延时闭合的常开触头（17 区）就瞬时断开，交流接触器 KM4 就断电释放，液压夹紧电动机 M3 停止运转。时间继电器 KT2 延时分断的常开触头（22 区）经过 1～3s 后分断，交流电磁铁 YA1、YA2 线圈断电释放，则立柱和主轴箱同时松开。

立柱和主轴箱同时夹紧的工作原理与同时松开的工作原理基本相似，只要按下按钮 SB7，使交流接触器 KM5 得电吸合，使液压夹紧电动机 M3 反转即可。

② 主轴箱和立柱单独松开、夹紧。如果要单独控制主轴箱，可以将转换开关 SA1 拨到右侧位置。按下松开按钮 SB6（或夹紧按钮 SB7），则时间继电器 KT2 和 KT3 的线圈同时得电，这时只有交流电磁铁 YA2 单独通电吸合，从而实现主轴箱的单独松开（或夹紧）。

③ 松开复合按钮 SB6（或 SB7），时间继电器 KT2 和 KT3 的线圈就断电释放，液压夹紧电动机 M3 便停止运转。经过 1～3s 的延时后，时间继电器 KT2 延时分断的常开触头（22 区）分断，交流电磁铁 YA2 的线圈断电释放，主轴箱松开（或夹紧）的操作结束。

同理，若把转换开关 SA1 扳到左侧位置，则使立柱单独松开或夹紧。

因为立柱和主轴箱的松开和夹紧是短时间的调整工作，所以要采用点动控制。

5）冷却泵电动机 M4 的控制。扳动断路器 QF2，接通或切断电源，可以操纵冷却泵电动机 M4 的工作或停止。

（4）照明、指示电路分析　照明、指示电路的电源也由控制变压器 TC 降压后提供 24V、6V 的电压，由熔断器 FU2、FU3 作为短路保护，EL 是照明灯，HL1 为电源指示灯，HL2 为主轴指示灯。

2. 确定 I/O 点数

Z3050 型摇臂钻床 PLC 输入输出端子的分配见表 4-1。

表 4-1　Z3050 型摇臂钻床 PLC 输入输出端子的分配

输　入　端			输　出　端		
名　　称	代　号	编　　号	编　　号	代　号	名　　称
按钮	SB1	I0.1	Q124.1	KM1	交流接触器
按钮	SB2	I0.2	Q124.2	KM2	交流接触器
按钮	SB3	I0.3	Q124.3	KM3	交流接触器
按钮	SB4	I0.4	Q124.4	KM4	交流接触器
按钮	SB5	I1.5	Q124.5	KM5	交流接触器
按钮	SB6	I0.6	Q124.6	YA1	交流电磁铁
按钮	SB7	I0.7	Q124.7	YA2	交流电磁铁
组合开关	SQ1	I1.1			
位置开关	SQ2	I1.2			
位置开关	SQ3	I1.3			
门控开关	SQ4	I1.4			
万能转换开关 （中间）	SA1-1	I2.1			
万能转换开关 （左侧）	SA1-2	I2.2			
万能转换开关 （右侧）	SA1-3	I2.3			

3. 绘制 I/O 端子接线图

根据 I/O 分配结果，绘制端子接线图如图 4-2 所示。

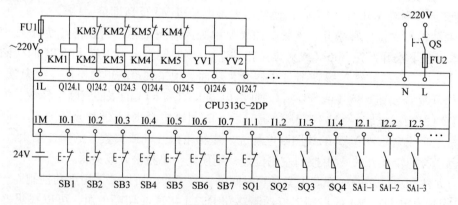

图 4-2　I/O 接线

4. 编制梯形图

根据继电控制系统工作原理，结合 PLC 编程特点，Z3050 型摇臂钻床梯形图如图 4-3 所示。

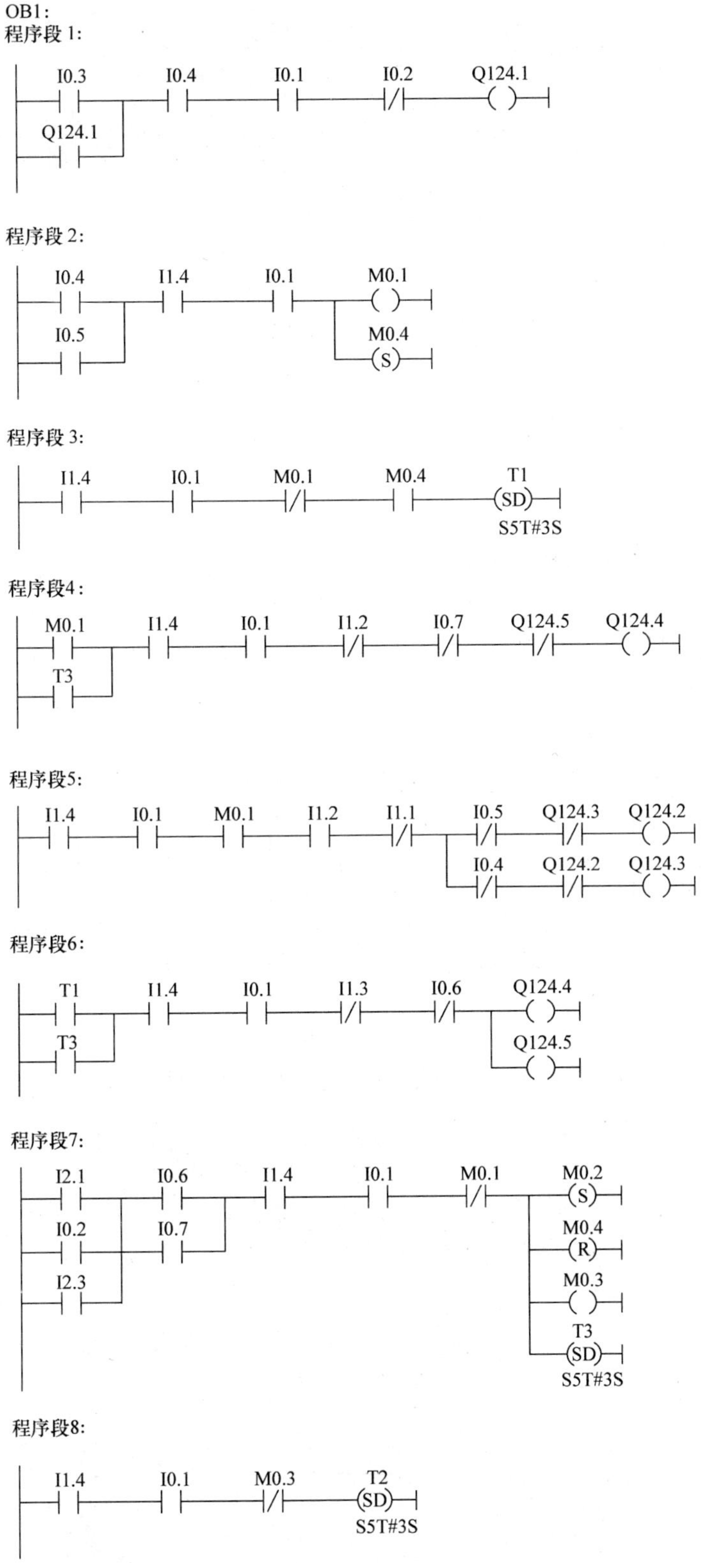

OB1:

程序段 1:

```
   I0.3      I0.4      I0.1      I0.2      Q124.1
───┤ ├──┬───┤ ├──────┤ ├──────┤/├────────( )───
   Q124.1 │
───┤ ├────┘
```

程序段 2:

```
   I0.4   ┬──┤ ├──┤ ├────( )───
───┤ ├────┤  I1.4   I0.1   M0.1
   I0.5   │                M0.4
───┤ ├────┘              ─(S)──
```

程序段 3:

```
   I1.4      I0.1      M0.1      M0.4       T1
───┤ ├──────┤ ├──────┤/├──────┤ ├────────(SD)──
                                         S5T#3S
```

程序段4:

```
   M0.1  ┬──┤ ├──┤ ├──┤/├──┤ ├──┤/├────( )───
───┤ ├───┤  I1.4  I0.1  I1.2  I0.7  Q124.5  Q124.4
   T3    │
───┤ ├───┘
```

程序段5:

```
   I1.4   I0.1   M0.1   I1.2   I1.1   I0.5   Q124.3   Q124.2
───┤ ├──┤ ├──┤ ├──┤ ├──┤/├──┬──┤/├──┤/├────( )───
                            │  I0.4   Q124.2   Q124.3
                            └──┤/├──┤/├────( )───
```

程序段6:

```
   T1   ┬──┤ ├──┤ ├──┤/├──┤ ├────( )───
───┤ ├──┤  I1.4  I0.1  I1.3  I0.6  Q124.4
   T3   │                         Q124.5
───┤ ├──┘                        ( )───
```

程序段7:

```
   I2.1   I0.6  ┬──┤ ├──┤ ├──┤/├────M0.2
───┤ ├──┤ ├────┤  I1.4  I0.1  M0.1  (S)──
   I0.2   I0.7 │                    M0.4
───┤ ├──┤ ├────┤                   (R)──
   I2.3        │                    M0.3
───┤ ├─────────┘                    ( )──
                                     T3
                                   (SD)──
                                   S5T#3S
```

程序段8:

```
   I1.4      I0.1      M0.3       T2
───┤ ├──────┤ ├──────┤/├────────(SD)──
                                S5T#3S
```

图 4-3   Z3050 型摇臂钻床梯形图

54

程序段9:

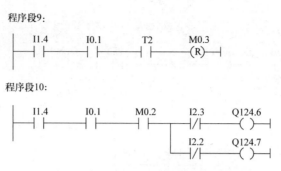

程序段10:

图4-3　Z3050型摇臂钻床梯形图（续）

5. 装配调试

在完成通电前的准备工作后，便可接上设备的工作电源，开始通电调试。

6. 注意事项

1）程序输入编辑完成后，先进行模拟调试。

2）接线完成后，要在不接电动机的前提下试机，确认无误后方可连接电动机。

3）通电调试的整个过程中，要有专人在现场监护。

4）如果出现故障，应独立检查并排除故障，直至系统能够正常工作。

三、监控设计

1. 系统设计

（1）触摸屏的接线　触摸屏与计算机及PLC的接线如图4-4所示。

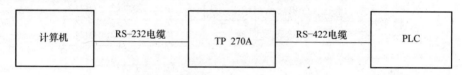

图4-4　触摸屏与计算机及PLC的接线

（2）编制触摸屏用户画面

使用SIMATIC WinCC flexible 2007软件设计触摸屏的画面如图4-5所示，连接好通信电

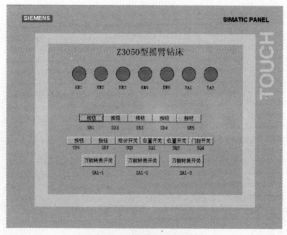

图4-5　触摸屏的画面

缆，输入用户画面程序。程序和画面输入后，观察显示是否与计算机画面一致。

（3）设计画面的步骤　下面就 TP 270A—10 触摸屏的软件安装、画面设计及参数设置、PLC 通信系统调试等进行逐一介绍和实施。

首先新建一个触摸屏编辑文件，所用触摸屏为西门子 TP 270A—10 触摸屏，所用 PLC 为西门子 S7-200。制作触摸屏画面具体步骤如下：

1）打开"SIMATIC WinCC flexible 2007"软件，初始选项界面如图4-6 所示。选择"使用项目向导创建一个新项目"，选择"小型设备"，单击"下一步"按钮，出现如图 4-7 所示的对话框，在"HMI 设备"选项中单击"…"，根据采用的实际设备，选择"TP 270 10""触摸屏，单击"确定"按钮。在"连接"选项中选择"1F1 B"，如图 4-7 所示。在"控制器"选项中单击"▼"，在下拉菜单中选择"SIMATIC S7 200"，单击"下一步"按钮，出现如图 4-8 所示的对话框。

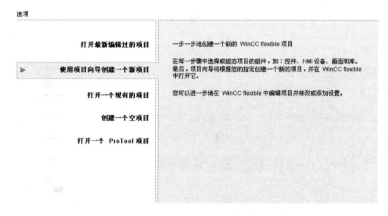

图 4-6　初始选项界面

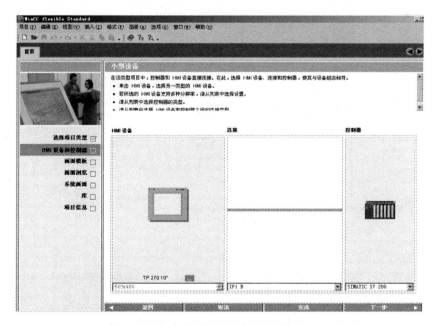

图 4-7　触摸屏和通信口的选择

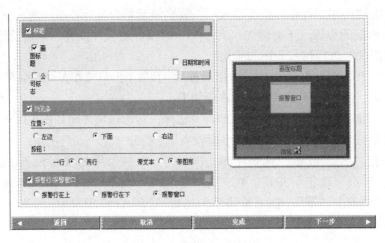

图 4-8　模板页的设计

　　如果需要标题，在"标题"选项中打"√"；如需要浏览条，在"浏览条"选项中打
"√"；如需要报警行/报警窗口，在"报警行/报警窗口"选项中打"√"。设置完成后单
击"完成"按钮进入软件主界面，如图 4-9 所示。

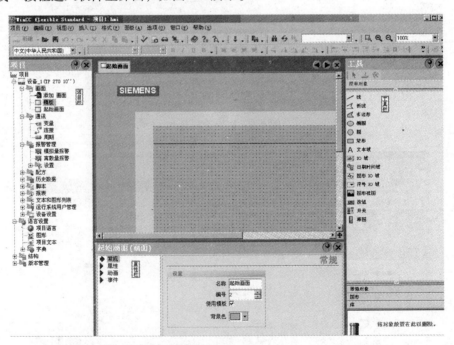

图 4-9　软件主界面

　　2）通信参数的设置。在"项目"栏中单击"通讯"项下的"连接"项，进入如
图 4-10 所示的界面。双击基本界面的第一行，"名称"项输入"S7-200"或其他名称；在
"通讯驱动程序"项单击"▼"选择"SIMATIC S7 200"。在属性栏中，"配置文"选择
"PPI"，"主站数"设置为"1"。在"HMI 设备"中设置类型为"Simatic"；设置波特率为
"187500"，地址为"1"；在"总线上的唯一主站"前打"√"。在"PLC 设备"项中"地

址"设为"2",该设置与 PLC 设置必须一致，否则无法通信。

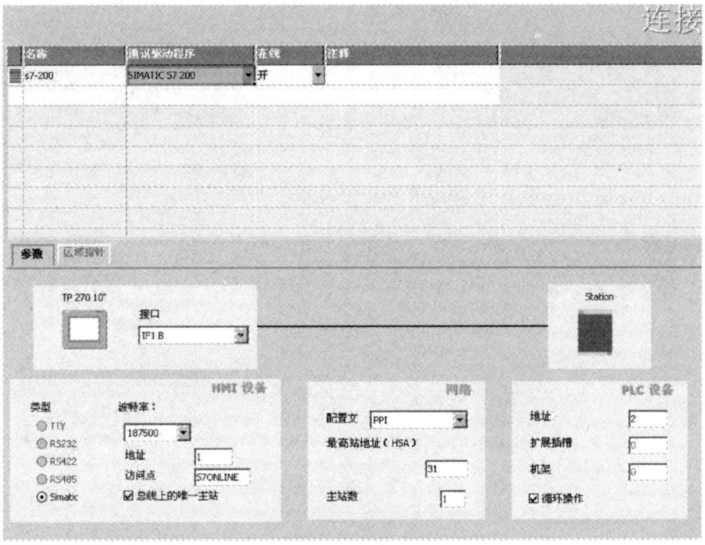

图 4-10　通信参数的设置

3）变量的连接。在"项目"栏中双击"通讯"项下的"变量"项，进入如图 4-11 所示的界面。

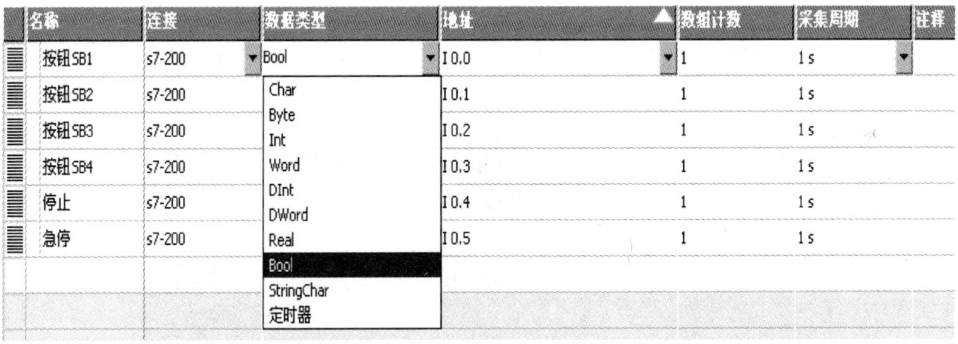

图 4-11　变量界面

双击变量界面中的空行，输入变量名称"按钮 SB1"在连接栏中选择"S7-200"，在"数据类型"中选择"Bool"，在地址栏中输入"I0.0"（对应 PLC 的 I0.0 输入），采集周期选择"1s"。同样的方法设置"停止"和"急停"的变量，如图 4-11 所示。

4）触摸屏按钮和电动机的制作。双击项目栏中的"画面"下的"起始画面"，在工具栏的简单对象中先单击一下"按钮"，再在当前正在编辑的画面中单击一下，按钮就添加到画面中，如图 4-12 所示。在画面中双击"按钮"属性对话框，在文本中输入"启动"。如果字体太大，单击"属性"，展开属性菜单后再单击"文本"，选择适合的字体。单击"工具"下的"文本域"，属性下面文本改为 SB1，单击"属性"，展开属性菜单后再单击"文本"，选择适合的字体。

58

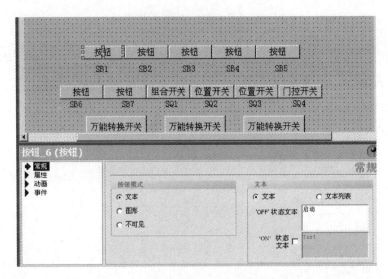

图 4-12　按钮的制作

5）触摸屏输出线圈的制作。双击项目栏中的"画面"下的"起始画面"，在工具栏的简单对象中先单击一下"圆"，再在当前正在编辑的画面中单击一下，输出线圈就添加到画面中，图 4-13 所示。在画面中添加一个"文本域"改为 KM1。如果字体太大，单击"属性"，展开属性菜单后再单击"文本"，选择适合的字体（见图 4-13）。

过载保护的制作同输出线圈的制作一样。

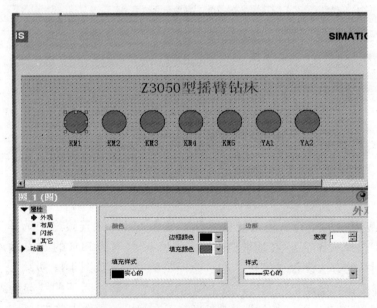

图 4-13　触摸屏输出线圈的制作

6）设置各按键与 PLC 中软元件的对应关系。在上述步骤完成后，将除切换按键以外的所有对象均通过属性的修改与 PLC 软元件建立对应关系见表 4-2。

表 4-2　触摸屏实时数据分配

对象	名称	颜色		对应软元件
		OFF	ON	
开关	按钮 SB1			M1.1
开关	按钮 SB2			M1.2
开关	按钮 SB3			M1.3
开关	按钮 SB4			M1.4
开关	按钮 SB5			M1.5
开关	按钮 SB6			M1.6
开关	按钮 SB7			M1.7
开关	组合开关 SQ1			M2.1
开关	位置开关 SQ2			M2.2
开关	位置开关 SQ3			M2.3
开关	门控开关 SQ4			M2.4
开关	万能转换开关（中间）			M3.1
开关	万能转换开关（左侧）			M3.2
开关	万能转换开关（右侧）			M3.3
开关	画面切换开关			M114
开关	画面切换开关			M115
指示灯	交流接触器 KM1	红色	绿色	Q124.1
指示灯	交流接触器 KM2	红色	绿色	Q124.2
指示灯	交流接触器 KM3	红色	绿色	Q124.3
指示灯	交流接触器 KM4	红色	绿色	Q124.4
指示灯	交流接触器 KM5	红色	绿色	Q124.5
指示灯	交流电磁铁 YA1	红色	绿色	Q124.6
指示灯	交流电磁铁 YA2	红色	绿色	Q124.7

2. 程序下载

（1）PLC 程序下载　首先利用匹配的通信电缆将 PLC、计算机和触摸屏连接成如图 4-4 所示的通信方式，然后将 Z3050 型摇臂钻床梯形图送入 PLC。

（2）触摸屏程序下载　当触摸屏连接后将依次出现对话框，单击"Control panel"进入设备控制面板，单击控制面板中"Transfer"，当出现新对话框后，在"Channe2"中选择"Ethernet"然后单击"Advanced"按钮，进入"网络配置"对话框，单击"Proper-ties"按钮，弹出"IP 地址设置"对话框，在该对话框中选择"Specify IP address"输入 IP 地址 192.168.56.198（也可以是其他 IP 地址）；选择"Subnet Mask"输入子网掩码地址 255.255.255.0。

3. 调试

（1）模拟调试　单击"事件"中的"按钮 SB1"，输入指令"SetBit"，变量为"启动"，如图 4-14 所示。指令"SetBit"的作用是把变量"启动"置"1"。PLC 的输出点输出，驱动接触器根据程序使电动机运转。

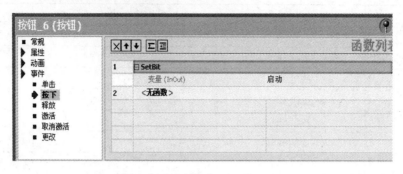

图 4-14　"按下"的属性

单击"释放"属性中的输入指令"ResetBit"，变量为"启动"，如图 4-15 所示。指令"ResetBit"的作用是把变量"启动"置"0"。

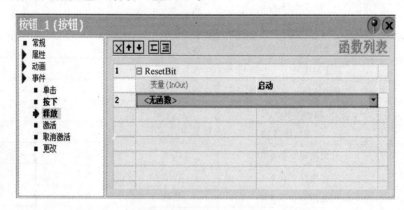

图 4-15　"释放"的属性

同样的方法设置变量其他按钮变量。

（2）系统调试　下载完成后，大约 5s 后，TP 270A 触摸屏进入"起始画面"，单击各开关按钮，观察 PLC 的相应输出指示灯是否点亮，驱动接触器是否使得电动机运转或停止。否则，检查系统接线、组态通信设置、变频器参数和 PLC 程序，直至按要求运行。

第二节　带式输送机的触摸屏控制

一、控制要求

如图 4-16 所示为三级带式输送机实物图。带式输送机 PLC 控制系统控制要求是：按下启动按钮后，传送带 1 起动，经过 5s 后，皮带 2 起动，再经过 5s 后，皮带 3 起动，传送带系统正常工作。按下停止按钮后，传送带 3 停止，再经过 6s 后，传送带 2 停止，再经过 6s 后，传送带 1 停止，同时要考虑系统的保护。

根据现场条件设计的这一套带转角的三级带式输送机控制系统，具体硬软件设计过程是按照 PLC 控制系统常见的"四步走"（电气原理图主电路、I/O 地址分配表、PLC 外部接线、梯形图）思路来设计的，其中程序设计采用了最常见的经验设计法。

图 4-16 三级带式输送机实物图

二、电气原理图主电路设计

1. 电气原理图主电路（见图 4-17）

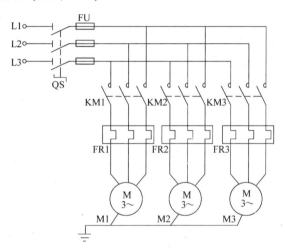

图 4-17 三级带式输送机控制系统电气原理图

此电路中，QS 为电源总开关，FU 为电路短路保护，接触器 KM1 控制电动机 M1（传送带 1）；接触器 KM2 控制电动机 M2（传送带 2）；接触器 KM3 控制电动机 M3（传送带 3），热继电器 FR1、FR2、FR3 分别为电动机 M1、M2、M3 过载保护。

2. I/O 地址分配

I/O 地址分配见表 4-3。

表 4-3 I/O 地址分配

输入继电器	作　用	输出继电器	作　用
I0.0	启动按钮 SB1	Q0.0	电动机 M1 正转交流接触器 KM1
I0.1	停止按钮 SB2	Q0.1	电动机 M2 正转交流接触器 KM2
I0.2	急停按钮 SBJ	Q0.2	电动机 M3 正转交流接触器 KM3
I0.3	过载保护 FR1		
I0.4	过载保护 FR2		
I0.5	过载保护 FR3		

3. PLC 外部接线（见图 4-18）

根据电气原理图进行连接。

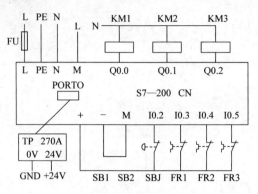

图 4-18　PLC 外部接线

4. PLC 程序的编写

本系统是通过触摸屏按钮信号输入、PLC 程序执行，驱动 PLC 的输出口 Q0.0、Q0.1 与 Q0.2，三级带式输送机控制梯形图如图 4-19 所示。

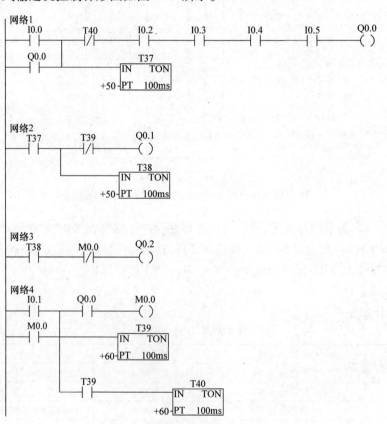

图 4-19　三级带式输送机控制梯形图

5. 触摸屏控制监控组态设计

随着自动化控制越来越智能化，人与系统交流信息越来越多，传统的指令按钮与指示已无法满足现在的控制要求，触摸屏可以很好地解决上述问题。触摸屏具有易于使用、坚固耐用、反应速度快、节省空间、工作可靠等优点，是一种能使控制系统更人性化，人机交互更方便、快捷的设备。触摸屏极大地简化了控制系统硬件，也简化了操作，即使是对计算机一无所知的人，也照样能够很容易地操作，给系统调试人员与用户带来极大的方便。在本任务中主要介绍西门子 TP270A—10 触摸屏在带式输送机控制系统中进行数据监视与控制的使用。

利用西门子 TP270A—10 触摸屏编程软件制作如图 4-20 所示的画面。

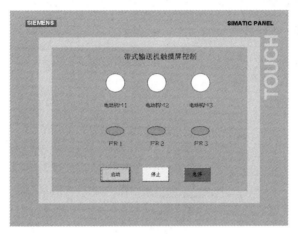

图 4-20 触摸屏界面

该控制界面主要由启动、停止等按钮组成。

（1）触摸屏 PLC 的通信　触摸屏与 PLC 的通信线可以自己制作，也可以购买西门子公司的电缆。自制的电缆成本很低，其通信效果与购买的电缆没有什么区别。计算机、PLC 和触摸屏三者之间的通信示意图如图 4-21 所示。

（2）创建一个新项目　进入 "SIMATIC WinCC flexible 2007" 软件，初始选项界面如图 4-22 所

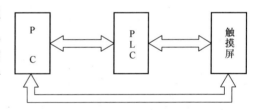

图 4-21　计算机、PLC 和触摸屏通信示意图

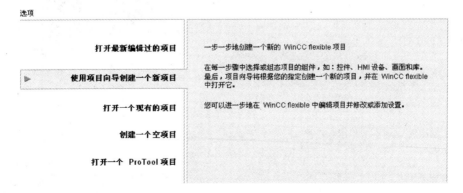

图 4-22　初始选项界面

示。选择"使用项目向导创建一个新项目",选择"小型设备",单击"下一步"按钮,进入如图4-23所示的对话框,在"HMI设备"选项中单击"…",根据采用的实际设备,选择"TP 270 10″"触摸屏,单击"确定"按钮;在"连接"选项中选择"1F1 B";在"控制器"选项中单击"▼",在下拉菜单中选择"SIMATIC S7 200",单击"下一步"按钮,进入如图4-24所示的对话框。

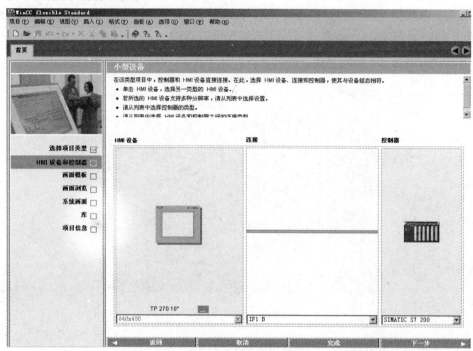

图4-23　触摸屏和通信口的选择

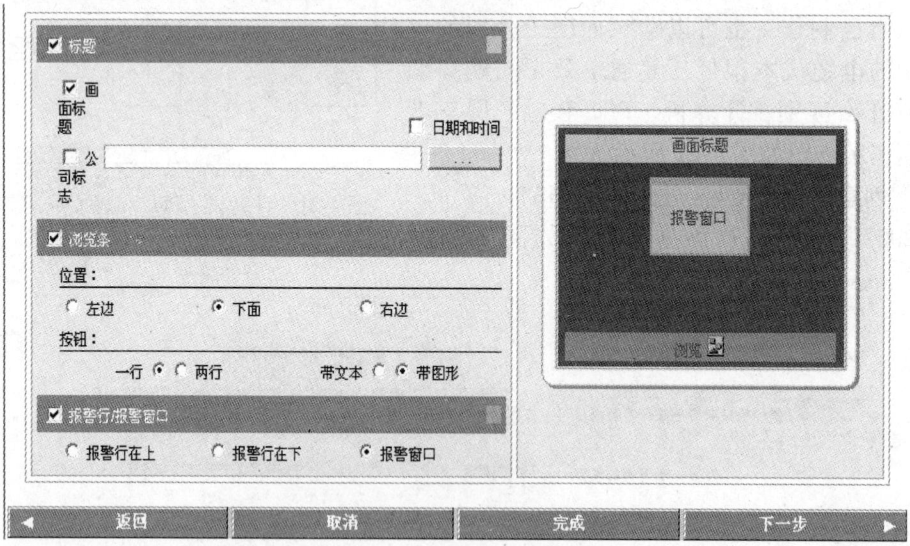

图4-24　模板页的设计

如果需要标题,在"标题"选项中打"√";如需要浏览条,在"浏览条"选项中打"√";如需要报警行/报警窗口,在"报警行/报警窗口"选项中打"√"。设置完成后单击"完成"按钮进入软件主界面，如图 4-25 所示。

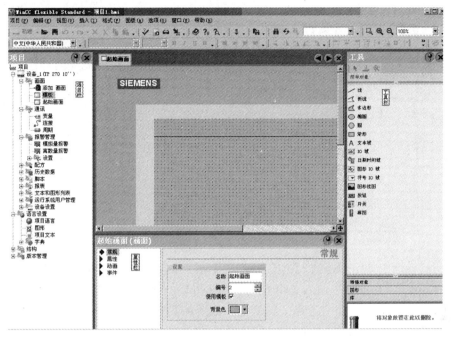

图 4-25　软件主界面

（3）通信参数的设置　在"项目"栏中单击"通讯"项下的"连接"项，进入如图 4-26 所示的界面。双击基本界面的第一行，"名称"项输入"S7-200"或其他名称；在"通讯驱动程序"项单击"▼"选择"SIMATIC S7 200"。在属性栏中，"配置文"选择"PPI"，"主站数"设置为"1"。在"HMI 设备"中选择类型为"Simatic"；设置波特率为"187500"，地址为"1"；在"总线上的唯一主站"前打"√"。在"PLC 设备"项中"地址"设为"2"，该设置与 PLC 设置必须一致，否则无法通信。

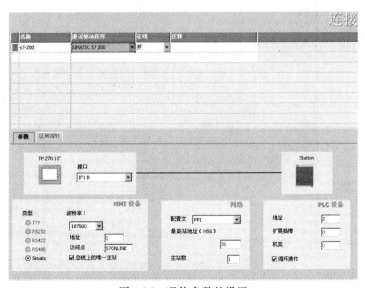

图 4-26　通信参数的设置

（4）变量的连接　在"项目"栏中双击"通讯"项下的"变量"项，进入如图 4-27 所示的界面。

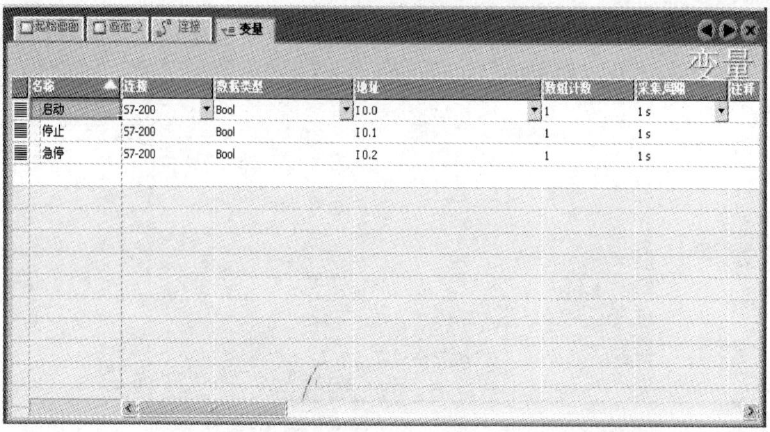

图 4-27　变量界面

双击变量界面中的空行，输入变量名称"启动"在连接栏选择"S7-200"，在"数据类型"选择"Bool"，在地址栏输入"I0.0"（对应 PLC 的 I0.0 输入），采集周期选择"1s"。同样的方法设置"停止"和"急停"的变量，如图 4-27 所示。

（5）触摸屏按钮和电动机的制作　双击项目栏中的"画面"下的"起始画面"，在工具栏的"简单对象"中先单击一下"按钮"，再在当前正在编辑的画面中单击一下，按钮就添加到画面中，如图 4-28 所示。在画面中双击"按钮"弹出如图 4-29 所示的属性对话框，

图 4-28　按钮的制作

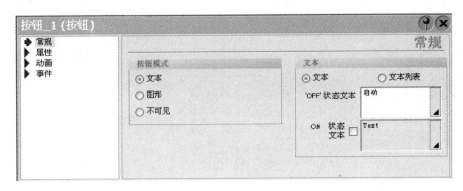

图 4-29　按钮属性框

在文本中输入"启动"。如果字体太大,单击"属性",展开属性菜单后再单击"文本",选择适合的字体,如图 4-30 所示。

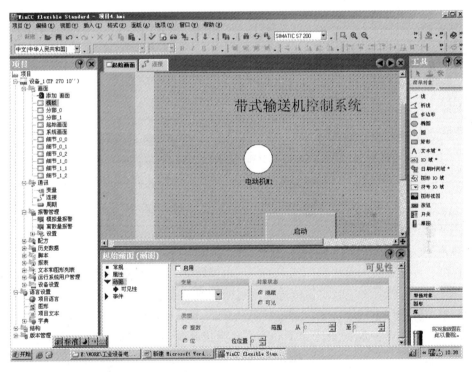

图 4-30　触摸屏电动机的制作

双击项目栏中的"画面"下的"起始画面",在工具栏的"简单对象"中先单击一下"圆",再在当前正在编辑的画面中单击一下,电动机就添加到画面中,图 4-31 所示。在画面中添加一个"文本域"改为电动机 M1。如果字体太大,单击"属性",展开属性菜单后再单击"文本",选择适合的字体(见图 4-31)。

过载保护的制作同电动机的制作一样。

(6) 设置各按键与 PLC 中软元件的对应关系　在上述步骤完成后,所有对象均通过变量地址属性的修改与 PLC 软元件建立对应关系见表 4-4。

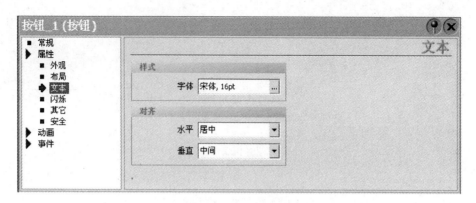

图 4-31　按钮的字体选择

表 4-4　实时数据分配

对　象	名　称	颜　色		对应软件
		OFF	ON	
按钮	启动 SB1			M0.1
按钮	停止 SB2			M0.2
按钮	急停 SBJ			M0.3
按钮	过载 FR1			M0.4
按钮	过载 FR2			M0.5
按钮	过载 FR3			M0.6
KM1	过载 FR1	红色	绿色	Q0.0
KM2	过载 FR2	红色	绿色	Q0.1
KM3	过载 FR3	红色	绿色	Q0.2

6. 程序下载

（1）PLC 程序下载　首先利用匹配的通信电缆将 PLC、计算机和触摸屏连接成如图 4-21 所示的通信方式，然后将三级皮带传送机控制梯形图送入 PLC。

（2）触摸屏程序下载　当触摸屏连接后将依次出现对话框，单击"Control panel"进入设备控制面板，单击控制面板中"Transfer"，当出现新对话框后，在"Channe2"中选择"Ethernet"然后单击"Advanced"按钮，进入"网络配置"对话框，单击"Proper-ties"按钮，弹出"IP 地址设置"对话框。在该对话框中选择"Specify IP address"输入 IP 地址 192.168.56.198（也可以是其他 IP 地址）；选择"Subnet Mask"输入子网掩码地址 255.255.255.0。

7. 调试

（1）模拟调试　单击"事件"中的"按下"，输入指令"SetBit"，变量为"启动"，如图 4-32 所示。指令"SetBit"的作用是把变量"左移"置"1"。PLC 的 Q0.0、Q0.1、Q0.2 依次输出，驱动接触器 KM1、KM2、KM3 依次得电使三台电动机运转。

单击"释放"属性中的输入指令"ResetBit"，变量为"启动"，如图 4-33 所示。指令"ResetBit"的作用是把变量"启动"置"0"。

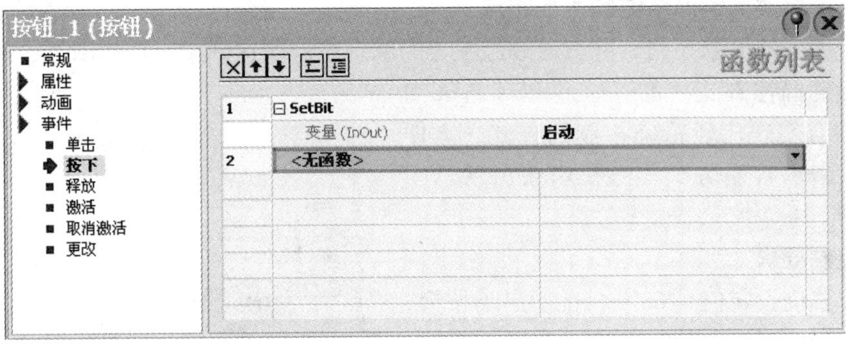

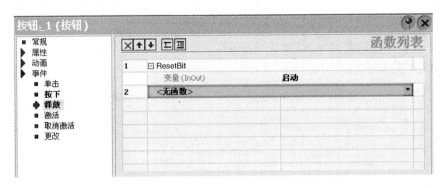

图 4-32   "按下"的属性

图 4-33   "释放"的属性

同样的方法设置变量"停止",观察 PLC 的 Q0.2、Q0.1、Q0.0 依次断开时,驱动接触器 KM3、KM2、KM1 依次断电使三台电动机停止运转。同样的方法将变量"停止"设置为"0"。变量"急停"按钮类似完成,观察变量置"1"时,PLC 的 Q0.0、Q0.1、Q0.2 指示灯是否立即熄灭,驱动接触器 KM1、KM2、KM3 是否使得三台电动机立即停止。

(2)系统调试   下载完成后,大约 5s 后,TP270A 触摸屏进入"起始画面",单击"启动"按钮,观察 PLC 的 Q0.0、Q0.1、Q0.2 指示灯是否依次点亮,驱动接触器 KM1、KM2、KM3 是否使得三台电动机依次运转;单击"停止"按钮,观察 PLC 的 Q0.2、Q0.1、Q0.0 指示灯是否依次熄灭,驱动接触器 KM3、KM2、KM1 是否使得三台电动机依次停止运转;单击"急停"按钮,观察 PLC 的 Q0.0、Q0.1、Q0.2 指示灯是否立即熄灭,驱动接触器 KM1、KM2、KM3 是否使得三台电动机立即停止运转。

第三节   汽车烤漆房的恒温控制

汽车烤漆房的电气控制部分是其整个系统的核心,而恒温控制则是其控制的主要内容,在实际应用中由于 PLC 具有功能强大、抗干扰能力出色等特点,所以成为汽车烤漆房控制应用的首选。本任务主要学习 PLC、温度传感器、A/D 与 D/A 转换模块和触摸屏的综合应用,包括电路的设计与连接、程序的设计与调试等理论知识和实践技能。

一、汽车烤漆房恒温系统的主要特点

汽车烤漆房的恒温控制,既有通过温控表的触点在温度达到设定值后断开,低于设定值再闭合加热的温控方式,也有通过 PLC 与 A/D 转换模块结合实现比较精确控制的方式,本任务将采用后者的控制方式。汽车烤漆房示意图如图 4-34 所示。

二、控制要求

已知,温度设定值是 60℃。按下启动按钮,当温度达到 60℃ 时,停止加热,延时 10s 后,若温度低于设定值继电器再次接通加热,直到按下停止按钮。

图 4-34　汽车烤漆房示意图

三、程序设计

1. 结合系统进行 PLC 的输入/输出端分配

输入/输出端分配见表 4-5。

表 4-5　汽车烤漆房恒温控制系统的输入/输出端分配

输　入　端			输　出　端		
名　　称	代　　号	输　入　点	名　　称	代　　号	输　出　点
启动按钮	SQ1	X0	交流接触器	KM1	Q1.0
停止按钮	SQ2	X1			

2. 输入/输出接线

输入/输出接线如图 4-35 所示。

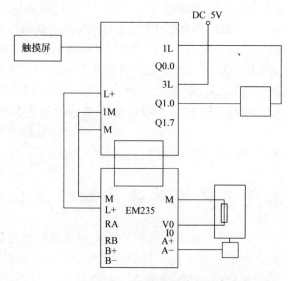

图 4-35　输入/输出接线图

3. PLC 程序设计

汽车烤漆房恒温控制系统 PLC 梯形图如图 4-36 所示。

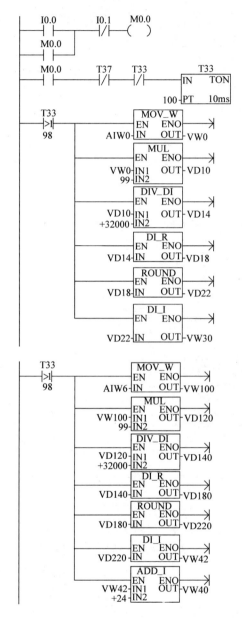

图 4-36　汽车烤漆房恒温控制系统 PLC 梯形图

4. 触摸屏应用程序设计

1）进入 "SIMATIC WinCC flexible 2007" 软件，选项界面如图 4-37 所示。选择 "使用项目向导创建一个新项目"，选择 "小型设备"。

2）单击 "下一步" 按钮，在 "HMI 设备" 选项中单击 "…" 进入如图 4-38 所示的对话框，根据采用的实际设备，选择 "TP 270 10″" 触摸屏，单击 "确定" 按钮。

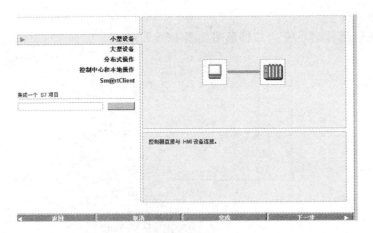

图 4-37　选项界面

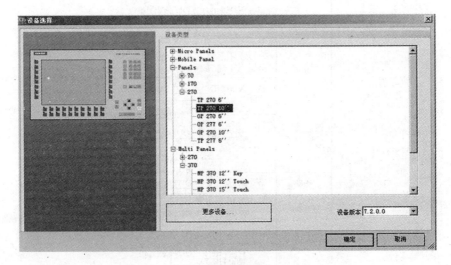

图 4-38　对话框

3）在"连接"选项中选择"1F1 B"，如图 4-39 所示。

4）在"控制器"选项中单击"▼"，在下拉菜单中选择"SIMATIC S7 200"，如图 4-40 所示，再单击"下一步"按钮，进入如图 4-41 所示的对话框。

5）如果需要标题，在"标题"选项中打"√"；如果需要浏览条，在"浏览条"选项中打"√"；如果需要报警行/报警窗口，在"报警行/报警窗口"选项中打"√"。设置完成后单击"完成"按钮进入软件主界面。

6）通信参数的设置。在"项目"栏中单击"通讯"项下的"连接"项，进入如图 4-42 所示的界面。双击基本界面的第一行，"名称"项输入"S7-200"或其他名称；在"通讯驱动程序"项单击"▼"选择"SIMATIC S7 200"。在属性栏中，"配置文"选择"PPI"，"主站数"设置为"1"。在"HMI 设备"中选择类型为"Simatic"；设置波特率为"187500"，地址为"1"；在"总线上的唯一主站"前打"√"。在"PLC 设备"项中"地址"设为"2"，该设置与 PLC 设置必须一致，否则无法通信。

连接

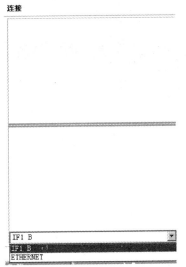

图 4-39　选择"1F1 B"

控制器

图 4-40　选择变频器型号

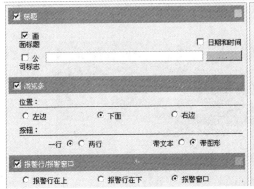

图 4-41　选项界面

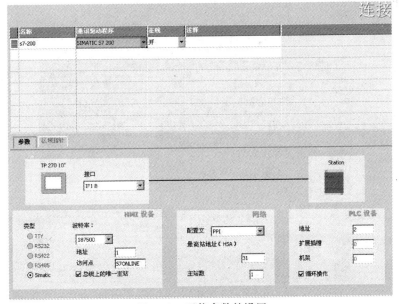

图 4-42　通信参数的设置

7）变量的连接。在"项目"栏中双击"通讯"项下的"变量"项，进入如图 4-43 所示的界面。

图 4-43　变量的连接

双击变量界面中的空行，输入变量名称"楼上"在连接栏中选择"S7-200"，在"数据类型"选择"Bool"，在地址栏输入"Q1.0"（对应 PLC 的 Q1.0 输出），采集周期选择"1s"。同样的方法设置"楼下"等按钮的变量，如图 4-43 所示。

8）按钮制作与设置。在"工具"简单对象中用左键拖住按钮至画面中松开，并调整到合适大小。在它的属性窗口中，"常规"属性中"按钮模式"选择"文本"，'off'状态文本中输入文字"启动"。

在"事件"中选择"单击"，启动按钮选择"SetBit"；停止按钮选择"ResetBit"，如图 4-44 ~ 图 4-47 所示。

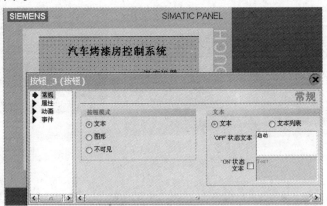

图 4-44　按钮制作与设置 1

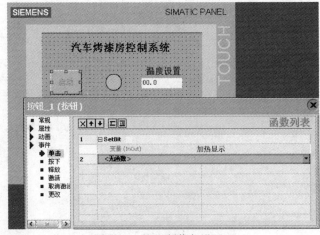

图 4-45　按钮制作与设置 2

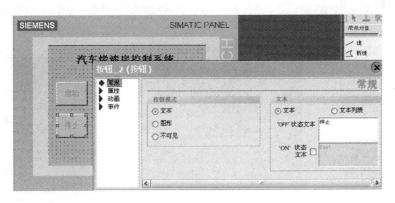

图 4-46　按钮制作与设置 3

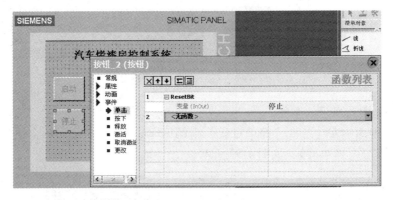

图 4-47　按钮制作与设置 4

9）指示灯制作与设置。在"工具"简单对象中用左键拖住圆至画面中松开，并调整到合适大小。在它的属性窗口中，组态"动画"中"外观"属性，"启用"中变量选择"加热指示"，变量类型是"位"，加热显示为 0 和 1 时的背景色分别为黄色和红色，如图 4-48 和图 4-49 所示。

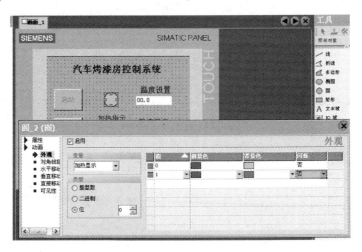

图 4-48　指示灯制作与设置 1

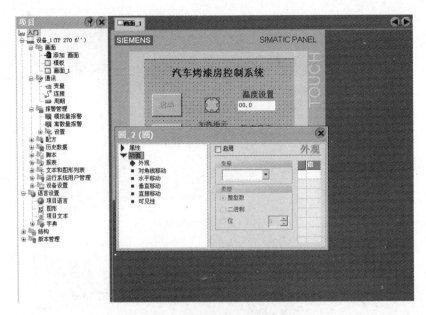

图 4-49　指示灯制作与设置 2

10）数据输入与显示的制作。

① 在工具视图中左键单击"简单对象"中的 IO 域，然后在画面的合适位置左键单击，即可在画面中建立一个 IO 域，如图 4-50 所示。

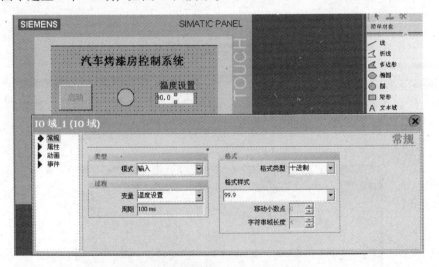

图 4-50　建立一个 IO 域

② 把该 IO 域的属性按图 4-50 所示设置，模式设为"输入"，过程变量调用"温度设置"，格式为"99.9"（显示 3 位整数）。

③ 用类似方法建立另外一个 IO 域，模式为输出，过程变量调用"温度设置显示"，如图 4-51 所示。

11）设置各按键与 PLC 中软元件的对应关系。在上述步骤完成后，所有对象均通过变量地址属性的修改与 PLC 软元件建立对应关系见表 4-6 所示。

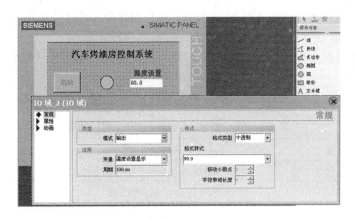

图 4-51　建立另外一个 IO 域

表 4-6　触摸屏实时数据分配

对　　象	名　　称	颜　　色		对应软元件
		OFF	ON	
开关	启动按钮			M0.0
开关	停止按钮			M0.1
指示灯	KM1 接触器	红色	绿色	Q0.1

四、系统调试

1）接线。按图 4-35 所示电路进行接线。

2）确认无误后接通 PLC 和触摸屏电源，设置相关参数。

3）根据控制要求，并进行系统程序调试。

4）将 PLC 置于"RUN"状态，单击触摸屏的"温度设置"按键，进行温度设置。

5）单击"启动"按键，启动系统。

观察触摸屏上温度显示值是否变化，若正常变化，且在设定值时停止变化（或微变）则表示系统正常工作；否则，需要检查程序或设置。

第四节　车床主轴的触摸屏控制

一、控制要求

用触摸屏、PLC 和变频器设计一个车床主轴变频调速的综合控制系统，其控制要求如下：

1）PLC 一通电，系统便进入初始状态，准备启动。

2）电动机正向运行。当按下按钮 SB1 时，PLC 输出继电器 Q0.0 为"ON"，变频器数字输入端口 DN1 为"ON"，电动机正向运行，转速由外接电位器 RP1 来控制，电阻在 0～5.1kΩ 变化，对应变频器的频率在 0～50Hz 变化，对应电动机的转速在 0～1420r/min 变化。

3）电动机反向运行。当按下按钮 SB2 时，PLC 输出继电器 Q0.1 为"ON"，变频器数字输入端口 DN2 为"ON"，电动机反向运行，反转转速的大小仍由外接电位器 RP1 来调节。

4) 电动机停止运行。当按下按钮 SB3 时，PLC 输出继电器 Q0.0 和 Q0.1 均为"OFF"，变频器数字输入端口 DN1 和 DN2 均为"OFF"，电动机停止运行。

5) 通过触摸屏设定正转按键、反转按键和停止按键，显示正反转输出等参数。

二、程序设计

1. PLC 的输入/输出（I/O）端口分配见表 4-7。

表 4-7　PLC 的输入/输出（I/O）端口分配

输　　入			输　　出		
设备名称/功能	代　　号	软元件编号	设备名称/功能	代　　号	软元件编号
正转按钮	SB1	I0.0/M0.0	电动机正转		Q0.0
反转按钮	SB2	I0.1/M0.1	电动机反转		Q0.1
停止按钮	SB3	I0.2/M0.2			

2. 接线图绘制

PLC、变频器的外部接线如图 4-52 所示。

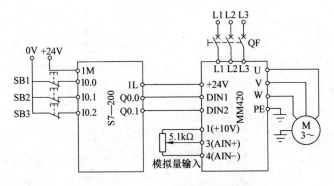

图 4-52　PLC、变频器的外部接线

3. PLC 梯形图设计

该系统的程序设计即可采用基本指令，如图 4-53 所示。

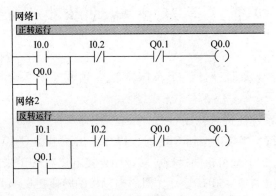

图 4-53　车床主轴触摸屏控制 PLC 梯形图

4. PLC 梯形图的模拟调试

按图 4-52 所示的系统接线正确连接好输入设备，进行 PLC 的模拟调试，观察 PLC 的输出指示灯是否按要求指示。

1）按下正转启动按钮：I0.0，PLC 输出指示灯 Q0.0 点亮，Q0.0 闭合自锁，Q0.0 断开。

2）按下停止按钮：I0.2，PLC 输出指示灯 Q0.0 熄灭，Q0.0 闭合。

3）按下反转启动按钮：I0.1，PLC 输出指示灯 Q0.1 点亮，Q0.1 闭合自锁，Q0.1 断开。

4）任何时候按下停止按钮 I0.2，PLC 输出指示熄灭，否则，检查并修改程序，直至指示正确。

5. 变频器的参数设定

根据控制要求，设定变频器的基本参数、操作模式选择参数和多段速度设定等参数，具体参数设定见表 4-8。

表 4-8　变频器的参数设定

序　号	参　数　号	出　厂　值	设定值（参考）	功　能　说　明
1	P0304	230	380	电动机的额定电压为 380V
2	P0305	3.25	0.3	电动机的额定电流为 0.3A
3	P0307	0.75	0.1	电动机的额定功率为 100W
4	P0310	50.00	50.00	电动机的额定频率为 50Hz
5	P0311	0	1420	电动机的额定转速为 1420r/min
6	P1000	2	1	面板输入
7	P0700	2	2	端子（数字）输入
8	P0701	1	1	接通正转/停机命令 1
9	P0702	12	12	接通反转命令

6. 触摸屏用户画面编制

使用 SIMATIC WinCC flexible 2007 软件设计触摸屏的画面如图 4-54 所示，连接好通信电缆，输入用户画面程序。程序和画面输入后，观察显示是否与计算机画面一致。

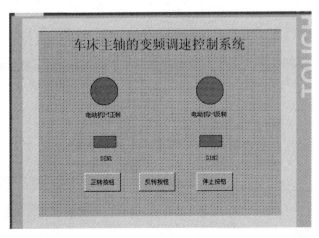

图 4-54　触摸屏控制界面

该控制界面主要由正转、反转、停止、电动机等功能组成。下面对 TP 270A—10 触摸屏软件安装、画面设计及参数设置、PLC 通信系统调试等逐一介绍、实施。

（1）创建一个新项目　进入"SIMATIC WinCC flexible 2007"软件，选择"使用项目向导创建一个新项目"，并选择"小型设备"，单击"下一步"按钮，在"HMI 设备"选项中单击"…"，进入如图 4-55 所示的对话框，根据采用的实际设备，选择"TP 270 10″"触摸屏，单击"确定"按钮。

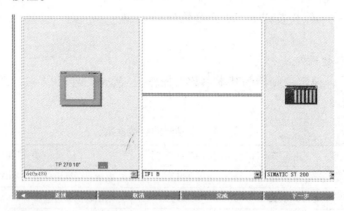

图 4-55　触摸屏和通信口的选择

在"连接"选项中选择"1F1 B"，如图 4-55 所示。

在"控制器"选项中单击"▼"，在下拉菜单中选择"SIMATIC S7 200"，单击"下一步"按钮，进入如图 4-56 所示的对话框。

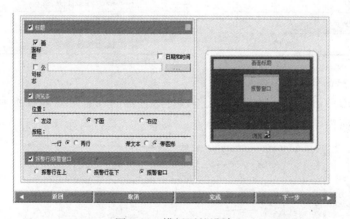

图 4-56　模板页的设计

如果需要标题，在"标题"选项中打"√"；如果需要浏览条，在"浏览条"选项中打"√"；如果需要报警行/报警窗口，在"报警行/报警窗口"选项中打"√"。设置完成后单击"完成"按钮进入软件主界面，如图 4-57 所示。

（2）通信参数的设置　在"项目"栏中单击"通讯"项下的"连接"项，进入如图 4-58 所示的界面。双击基本界面的第一行，"名称"项输入"S7-200"或其他名称；在"通讯驱动程序"项单击"▼"选择"SIMATIC S7 200"。在属性栏中，"配置文"选择"PPI"，"主站数"设置为"1"。在"HMI 设备"中选择类型为"Simatic"；设置波特率为

"187500"，地址为"1"；在"总线上的唯一主站"前打"√"。在"PLC 设备"项中"地址"设为"2"，该设置与 PLC 设置必须一致，否则无法通信。

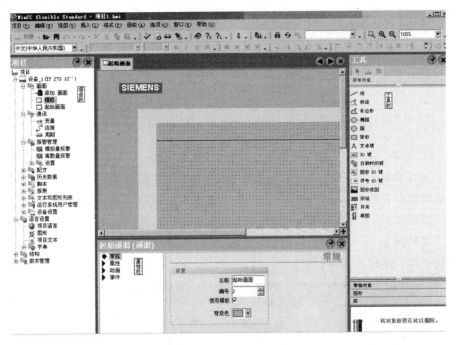

图 4-57　软件主界面

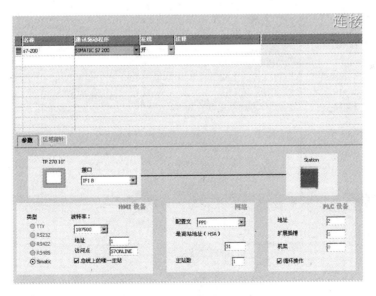

图 4-58　通信参数的设置

（3）变量的连接　在"项目"栏中双击"通讯"项下的"变量"项，进入如图 4-59 所示的界面。

双击变量界面中的空行，输入变量名称"启动"在连接栏中选择"S7-200"，在"数据类型"选择"Bool",在地址栏输入"I0.0"（对应 PLC 的 I0.0 输入），采集周期选择"1s"。同样的方法设置"停止"和"急停"的变量，如图 4-59 所示。

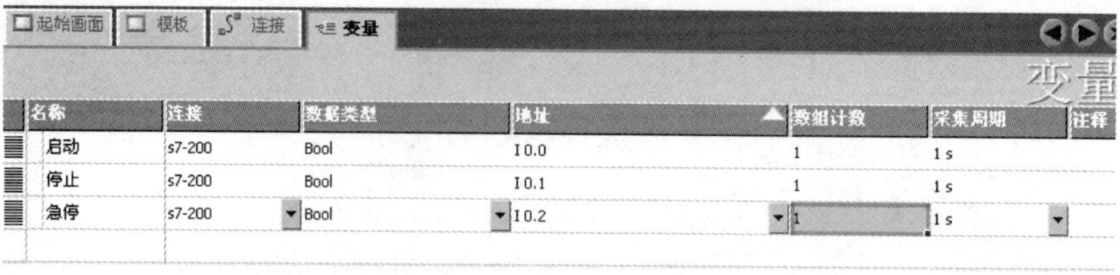

名称	连接	数据类型	地址	数组计数	采集周期	注释
启动	s7-200	Bool	I0.0	1	1 s	
停止	s7-200	Bool	I0.1	1	1 s	
急停	s7-200	Bool	I0.2	1	1 s	

图 4-59 变量界面

（4）触摸屏按钮和电动机的制作 双击项目栏中的"画面"下的"起始画面"，在工具栏的简单对象中先单击一下"按钮"，再在当前正在编辑的画面中单击一下，按钮就添加到画面中，如图 4-60 所示。在画面中双击"按钮"弹出如图 4-61 所示的属性对话框，在文本中输入"正转按钮"。如果字体太大，单击"属性"，展开属性菜单后再单击"文本"，选择适合的字体，如图 4-62 所示。

图 4-60 按钮的制作

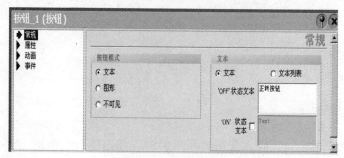

图 4-61 按钮属性框

图 4-62　按钮的字体选择

　　双击项目栏中的"画面"下的"起始画面"，在工具栏的简单对象中先单击一下"圆"，再在当前正在编辑的画面中单击一下，电动机就添加到画面中，图4-63所示。在画面中添加一个"文本域"改为电动机 M。如果字体太大，单击"属性"，展开属性菜单后再单击"文本"，选择适合的字体。

图 4-63　触摸屏电动机的制作

　　变频器 DIN1 输入端控制的制作与电动机制作一样。

　　（5）设置各按键与 PLC 中软元件的对应关系　在上述步骤完成后，所有对象均通过变量地址属性的修改与 PLC 软元件建立对应关系见表 4-9 所示。

表 4-9　触摸屏实时数据分配

对　　象	名　　称	颜　　色		对应软元件
		OFF	ON	
开关	正转按钮 SB1			M0. 0
开关	反转按钮 SB2			M0. 1

（续）

对象	名称	颜色		对应软元件
		OFF	ON	
开关	停止按钮 SB3			M0.2
DIN1	变频器正转输入			M1.4
DIN2	变频器反转输入			M1.5
指示灯	电动机正转	红色	绿色	Q0.0
指示灯	电动机反转	红色	绿色	Q0.1

7. 程序下载

（1）PLC 程序下载　首先利用匹配的通信电缆将 PLC、计算机和触摸屏连接成正确的通信方式，然后将车床主轴触摸屏控制梯形图送入 PLC。

（2）触摸屏程序下载　当触摸屏连接后依次出现对话框后单击"Control panel"进入设备控制面板，单击控制面板中"Transfer"，当出现新对话框后，在"Channe2"中选择"Ethernet"然后单击"Advanced"按钮，进入"网络配置"对话框，单击"Proper-ties"按钮，弹出"IP 地址设置"对话框，在该对话框中选择"Specify IP address"输入 IP 地址 192.168.56.198（也可以是其他 IP 地址）；选择"Subnet Mask"输入子网掩码地址 255.255.255.0。

8. 调试

（1）模拟调试　单击"事件"中的"按下"，输入指令"SetBit"，变量为"正转按钮"，如图 4-64 所示。指令"SetBit"的作用是把变量"左移"置"1"。PLC 的 Q0.0 正转输出，驱动接触器 KM1 线圈使电动机正向运转。

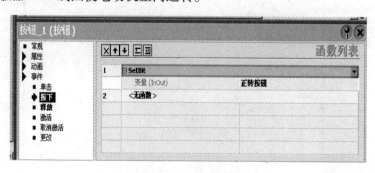

图 4-64　"按下"的属性

单击"释放"属性中的输入指令"ResetBit"，变量为"正转按钮"，如图 4-65 所示。指令"ResetBit"的作用是把变量"正转按钮"置"0"。

同样的方法设置变量"反转按钮"和"停止按钮"，当"按下"按钮的同时观察 PLC 的 Q0.0、Q0.1 接通和断开，驱动接触器 KM1、KM2 使电动机正转、反转。同样的方法将变量"反转按钮"和"停止按钮"设置为"0"，则 PLC 的 Q0.0、Q0.1 指示灯是否立即熄灭，驱动接触器 KM1、KM2 是否使得电动机停止。

（2）系统调试　下载完成后，大约 5s 后，TP270A 触摸屏进入"起始画面"，单击"启

图 4-65 "释放"的属性

动"按钮，观察 PLC 的 Q0.0 指示灯是否点亮，驱动接触器 KM1 是否使得电动机运转。单击"停止"按钮，观察 PLC 的 Q0.0 指示灯是否熄灭，驱动接触器 KM1 是否使得电动机停止运转。单击"急停"按钮，观察 PLC 的 Q0.0 指示灯是否立即熄灭，驱动接触器 KM1 是否使得电动机停止运转。否则，检查系统接线、变频器参数和 PLC 程序，直至变频器按要求运行。

第五节 啤酒生产线的传送控制

啤酒灌装生产线是啤酒生产企业不可缺少的主要生产设备，装酒过程的酒位控制、灌装压力控制、同步速度调节等影响啤酒灌装生产线的灌装质量。

啤酒传送生产线的运行速度不是一成不变的，在传送的起始、运行的过程中以及定位停止的控制，都需要变频器的参与，因此本任务重点学习变频器的选择、在传送控制中参数的设置、电路的连接与调试等。变频器的选择首先要确定电动机的功率，了解生产线对于调速的要求；根据这些内容来选择变频器与相关电气元件，并进行安装连接，实现调试运行。

一、控制要求

有一生产线，传送带电动机功率为 4kW，如图 4-66 所示。工艺流程如下：按下启动按钮，电动机低速向右运行，根据工艺要求，当传感器 1 检测到瓶子后，若传感器 2 在 10s 内检测不到 12 个瓶子，则调整为中速；若在 15s 内检测不到 12 个瓶子，则速度调整为高速；高、中、低速分别对应的频率为 20Hz、30Hz、40Hz；在 1min 内无瓶，则停机。

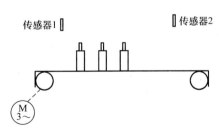

图 4-66 生产线示意图

二、程序设计

1. PLC 输入/输出地址确定

根据控制要求可知，输入信号有启动、停止，还有检测传感器；变频器的频率调整是通过控制端子 DIN1 ~ DIN3 的组合状态来实现控制的，PLC 输入/输出地址分配见表 4-10。

表 4-10 PLC 输入/输出地址分配

输 入		输 出	
名　称	代　号	名　称	代　号
启动按钮	I0.0	变频器端子 DIN1	Q0.0
停止按钮	I0.1	变频器端子 DIN2	Q0.1
传感器 1	I0.2	变频器端子 DIN3	Q0.2
传感器 2	I0.3		

2. PLC、变频器系统接线绘制

PLC、变频器系统接线如图 4-67 所示。

3. 变频器参数设定

P0010 = 30，P3900 = 1，P0970 = 1，重新上电；P0010 = 1，P0070 = 2，P1000 = 3，P3900 = 1，重新上电；P0003 = 2，P0700 = 2，P0701 – P0703 = 17；P1001 = 15，P1002 = 30，P1003 = 20，P1082 = 50；P1120 = 1.09（斜坡上升时间），P1121 = 1.0（斜坡下降时间）。

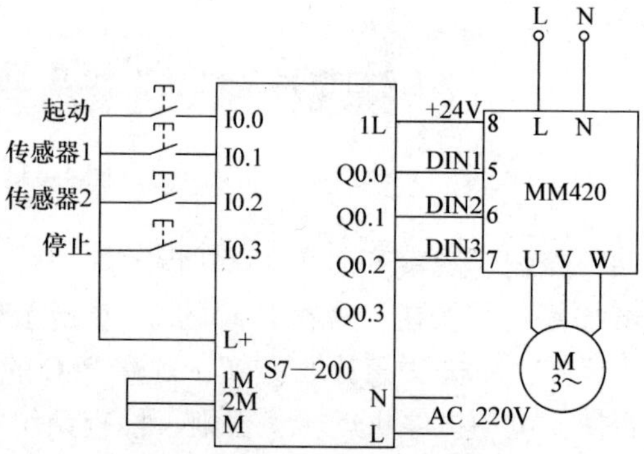

4. 程序编制

（1）啤酒生产线传送控制 PLC 梯形图（见图 4-68）。

图 4-67 PLC、变频器系统接线

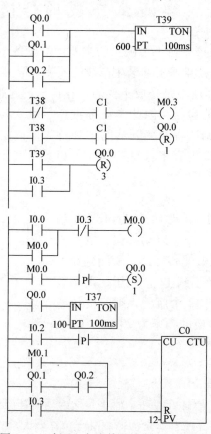

图 4-68 啤酒生产线传送控制 PLC 梯形图

（2）系统调试

1）接线。按如图 4-67 所示进行接线。

2）确认无误后接通电源，设置变频器相关运行参数。

5. 触摸屏应用监控组态设计

（1）创建组态　进入 WinCC flexible 项目管理器，单击"添加画面"创建"啤酒灌装生产线"组态监控工程。

（2）定义 I/O 设备　选取 PLC 类别下的"SIEMENS（西门子）PLC"，定义 I/O 设备，将设备名称定义为"PLC"，设备地址定义为"2"。

（3）组态窗口设计　绘制如图 4-69 所示生产线监控主界面窗口，并以"监控主界面窗口"为名进行存盘。

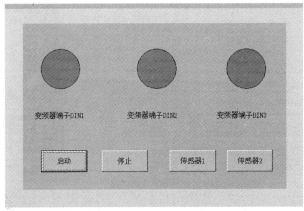

图 4-69　监控主界面窗口

（4）触摸屏编辑步骤

1）进入"SIMATIC WinCC flexible 2007"软件，选择"使用项目向导创建一个新项目"，选择"小型设备"。

2）单击"下一步"按钮，在"HMI 设备"选项中单击"…"，进入如图 4-70 所示的对话框，根据采用的实际设备，选择"TP 270 10″"触摸屏，单击"确定"按钮。

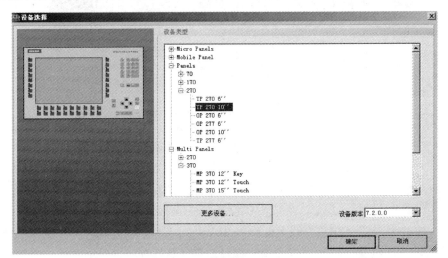

图 4-70　设备选择

3）在"连接"选项中选择"1F1 B"，如图4-71所示。

4）在"控制器"选项中单击"▼"，在下拉菜单中选择"SIMATIC S7 200"，单击"下一步"按钮，进入如图4-72所示的对话框。

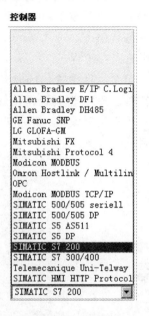

图4-71　选择"1F1 B"　　　　　　　　　　　图4-72　对话框

5）如果需要标题，在"标题"选项中打"√"；如果需要浏览条，在"浏览条"选项中打"√"；如果需要报警行/报警窗口，在"报警行/报警窗口"选项中打"√"。设置完成后单击"完成"按钮进入软件主界面，如图4-73所示。

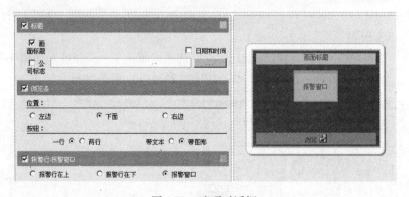

图4-73　选项对话框

6）通信参数的设置。在"项目"栏中单击"通讯"项下的"连接"项，进入如图4-74所示的界面。在基本界面中的第一行双击，"名称"项输入"S7-200"或其他名称；在"通讯驱动程序"项单击"▼"选择"SIMATIC S7 200"。在属性栏中，"配置文"选择"PPI"，"主站数"设置为"1"。在"HMI设备"中选择类型为"Simatic"；设置波特率为"187500"，地址为"1"；在"总线上的唯一主站"前打"√"。在"PLC设备"项中"地址"设为"2"，该设置与PLC设置必须一致，否则无法通信。

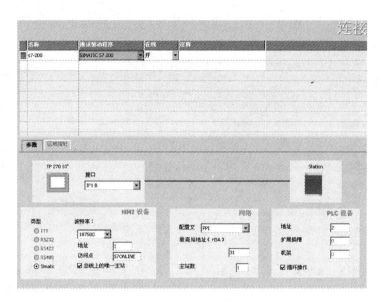

图 4-74　通信参数的设置

7）变量的连接。在“项目”栏中双击“通讯”项下的“变量”项，进入如图 4-75 所示的界面。

双击变量界面中的空行，输入变量名称“启动”在连接栏中选择“S7-200”，在“数据类型”选择“Bool”，在地址栏输入“I0. 0”　（对应 PLC 的 I0. 0 输入），采集时间选择“1s”。同样的方法设置“停止”等按钮的变量，如图 4-75 所示。

名称	连接	数据类型	地址	数组计数
启动	s7-200	Bool	I 0.0	1
停止	s7-200	Bool	I 0.1	1
传感器1	s7-200	Bool	I 0.2	1
传感器2	s7-200	Bool	I 0.3	1

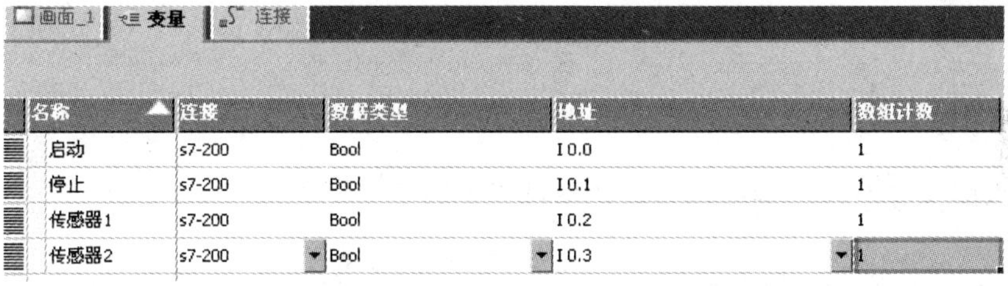

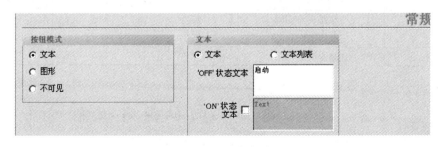

图 4-75　变量界面

8）触摸屏按钮和指示灯的制作。双击项目栏中的“画面”下的“起始画面”，在工具栏的简单对象中先单击一下“按钮”，再在当前正在编辑的画面中单击一下，按钮就添加到画面中。在画面中双击“按钮”弹出如图 4-76 所示的属性对话框，在文本中输入“启动”。

图 4-76　按钮的制作

如果字体太大，单击"属性"，展开属性菜单后再单击"文本"，选择适合的字体，如图 4-77 所示。

图 4-77　按钮的字体选择

双击项目栏中的"画面"下的"起始画面"，在工具栏的简单对象中先单击一下"圆"，再在当前正在编辑的画面中单击一下，指示灯就添加到画面中。如果字体太大，单击"属性"，展开属性菜单后再单击"文本"，选择适合的字体（见图 4-78）。在属性中选择"填充颜色为"红色"。

图 4-78　触摸屏指示灯的制作

9）触摸屏实时数据。触摸屏实时数据见表 4-11。

表 4-11　触摸屏实时数据表

对　象	名　称	颜　色		对应软件
		OFF	ON	
按钮	启动			M 0.1
按钮	停止			M 0.2
按钮	传感器 1			M 0.3
按钮	传感器 2			M 0.4
指示灯	变频器端子 DIN1	红色	绿色	Q0.0
指示灯	变频器端子 DIN2	红色	绿色	Q0.1
指示灯	变频器端子 DIN3	红色	绿色	Q0.2

第六节　离心机的触摸屏控制

在工业控制中离心机应用非常广泛，离心机利用离心力的原理，将液体与固体颗粒分开，或将液体与液体的混合物分开，或将固体中的液体排除甩干，或将固体按密度不同分级。离心机大量应用于石油、化工、制药、食品、煤炭、水处理、纺织等部门。

离心机有一个绕轴线高速旋转的圆筒，称为转鼓。通常电动机驱动转鼓，悬浮液进入转鼓后与转鼓同速旋转，在离心力作用下分离，并分别排出。通常，转鼓转速越高，分离效果也越好。离心分离机的原理有离心过滤和离心沉降两种。离心过滤是使悬浮液在离心力的作用下，使液体通过过滤介质成为滤液，而固体颗粒被截留在过滤介质表面，从而实现液-固分离；离心沉降是将悬浮液密度不同的成分，在离心力场中迅速沉降分层，实现液-固（或液-液）分离。

一、控制要求

采用 PLC 和变频器对水泥厂的离心机系统进行控制。

在水泥厂的电杆成型控制过程中，电动机带动钢模旋转产生的离心力，混凝土远离旋转中心产生沉降，并分布于杆模四周；当速度继续升高时，离心力使混凝土混合物中的各种材料颗粒沿离心力的方向挤向杆壁四周均匀密实成型。电杆离心成型的工艺步骤分为三步：低速阶段，使混凝土分布于钢模内壁四周；中速阶段，防止离心过程混凝土结构受到破坏，向高速阶段短时过渡；高速阶段，将混凝土沿离心力方向挤向内模壁四周，达到均匀密实成型，并排除多余水分。离心机各阶段运行速度如图 4-79 所示。

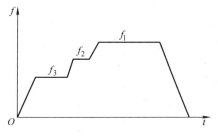

图 4-79　离心机各阶段运行速度

控制要求如下：

1）按下合闸按钮，变频器电源接触器 KM 闭合，变频器通电；按下分闸按钮，变频器电源接触器 KM 断开，变频器断电。

2）操作工发出指令，PLC 发出指令，变频器由 0Hz 开始提速，提速至固定频率 20Hz 电动机低速运行。

3）电动机低速运行 2s 后，由 PLC 发出中速指令，变频器的固定频率改为 30Hz，电动机以中速运行。

4）电动机中速运行 0.5s 后，由 PLC 发出高速指令，变频器的固定频率改为 50Hz，电动机以高速运行，6s 后工作过程结束。

二、程序设计

1. PLC、变频器设计和系统控制接线

（1）PLC 的 I/O 分配（见表 4-12）

表 4-12　PLC 的 I/O 分配

输　　入			输　　出		
输入地址	元　件	作　　用	输出地址	元　件	作　　用
I0.0	SB1	主接触器通电	Q0.0	X1	低速运行
I0.1	SB2	主接触器断电	Q0.1	X2	中速运行
I0.2	SB3	操作启动	Q0.2	X3	高速运行
			Q0.3	FWD	正转运行启动
			Q0.4	KM	变频器接通

（2）画出 PLC、变频器的接线　PLC、变频器的接线如图 4-80 所示。

（3）设计离心机控制系统 PLC 梯形图　离心机控制系统 PLC 梯形图如图 4-81 所示。

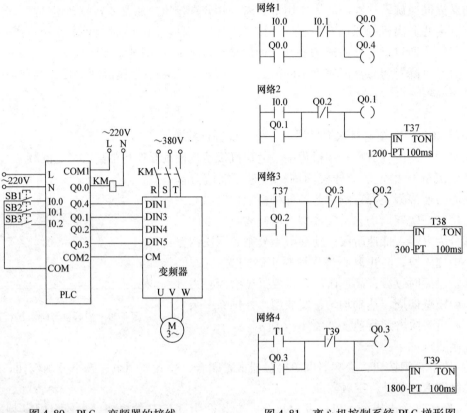

图 4-80　PLC、变频器的接线　　　　　图 4-81　离心机控制系统 PLC 梯形图

（4）设置变频器的参数　西门子变频器参数的设置见表 4-13。

表 4-13　变频器参数的设置

功 能 代 码	名　　称	设 定 数 据
P0010	恢复工厂设置	30
P0970	恢复工厂设置	1
P003	用户访问标准级	1
P004	命令和数字 I/O	7
P0700	命令选择源，端子输入	7
P0701	选择固定频率	17
P0702	选择固定频率	17
P0703	ON 接通正转，OFF 停止	1
P1001	设定固定频率 1	20
P1002	设定固定频率 2	30
P1003	设定固定频率 3	50
P1082	设定电动机的最高频率	60

2. 触摸屏应用监控组态设计

（1）创建组态　进入 WinCC flexible 项目管理器，单击"添加画面"创建"离心机控制系统"组态监控工程。

（2）定义 I/O 设备　选取 PLC 类别下的"SIEMENS（西门子）PLC"，定义 I/O 设备，将设备名称定义为"PLC"，设备地址定义为"2"。

（3）组态窗口设计　绘制如图 4-82 所示离心机系统主界面窗口，并以"系统主界面窗口"为名进行存盘。

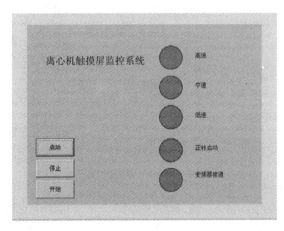

图 4-82　系统主界面窗口

（4）触摸屏设计步骤

1）进入"SIMATIC WinCC flexible 2007"软件，选择"使用项目向导创建一个新项目"，选择"小型设备"。

2）单击"下一步"按钮，在"HMI 设备"选项中单击"…"，根据采用的实际设备，选择"TP 270 10""触摸屏，单击"确定"按钮。

3）在"连接"选项中选择"1F1 B"。

4）在"控制器"选项中单击"▼"，在下拉菜单中选择"SIMATIC S7 200"，单击"下一步"按钮，进入控制器对话框。

5）如果需要标题，在"标题"选项中打"√"；如果需要浏览条，在"浏览条"选项中打"√"；如果需要报警行/报警窗口，在"报警行/报警窗口"选项中打"√"。设置完成后单击"完成"按钮进入软件主界面。

6）通信参数的设置。在"项目"栏中单击"通讯"项下的"连接"项，进入如图 4-83 所示的界面。双击基本界面的第一行，"名称"项输入"S7-200"或其他名称；在"通讯驱动程序"项单击"▼"选择"SIMATIC S7 200"。在属性栏中，"配置文"选择"PPI"，"主站数"设置为"1"。在"HMI 设备"中选择类型为"Simatic"；设置波特率为"187500"，地址为"1"；在"总线上的唯一主站"前打"√"。在"PLC 设备"项中"地址"设为"2"，该设置与 PLC 设置必须一致，否则无法通信。

7）变量的连接。在"项目"栏中双击"通讯"项下的"变量"项，进入如图 4-84 所示的界面。

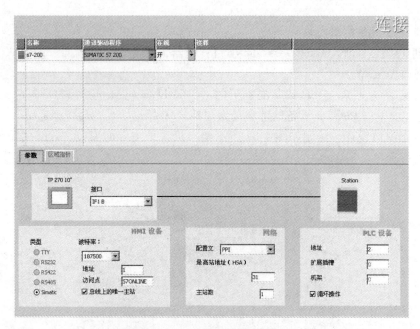

图 4-83　通信参数的设置

　　双击变量界面中的空行，输入变量名称"启动"在连接栏中选择"S7-200"，在"数据类型"选择"Bool"，在地址栏输入"I0.0"（对应 PLC 的 I0.0 输入），采集周期选择"1s"。同样的方法设置"停止"等按钮的变量，如图 4-84 所示。

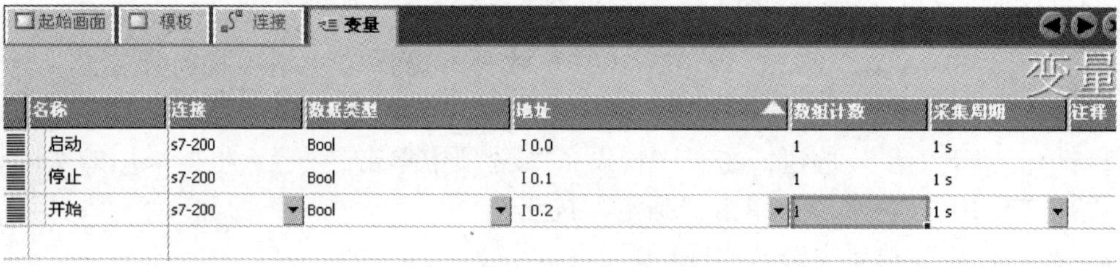

名称	连接	数据类型	地址	数组计数	采集周期	注释
启动	s7-200	Bool	I 0.0	1	1 s	
停止	s7-200	Bool	I 0.1	1	1 s	
开始	s7-200	Bool	I 0.2	1	1 s	

图 4-84　变量界面

　　8）触摸屏按钮和指示灯的制作。双击项目栏中的"画面"下的"起始画面"，在工具栏的简单对象中先单击一下"按钮"，再在当前正在编辑的画面中单击一下，按钮就添加到画面中。在画面中双击"按钮"弹出如图 4-85 所示的属性对话框，在文本中输入"启动"。

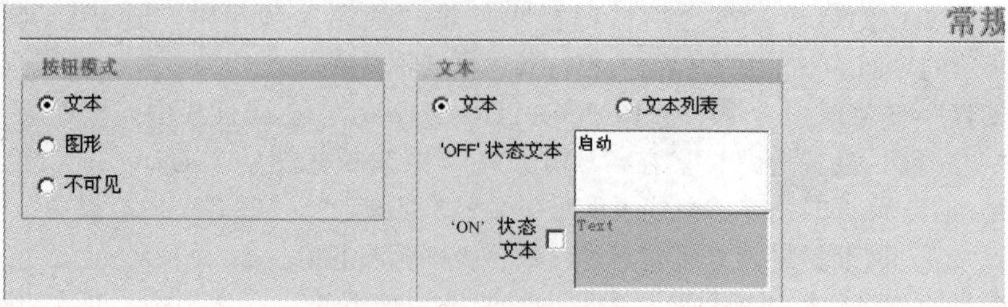

图 4-85　按钮的制作

如果字体太大，单击"属性"，展开属性菜单后再单击"文本"，选择适合的字体，如图 4-86 所示。

图 4-86　按钮的字体选择

双击项目栏中的"画面"下的"起始画面"，在工具栏的简单对象中先单击一下"圆"，再在当前正在编辑的画面中单击一下，指示灯就添加到画面中。如果字体太大，单击"属性"，展开属性菜单后再单击"文本"，选择适合的字体。在属性中选择"填充颜色"为"红色"，如图 4-87 所示。

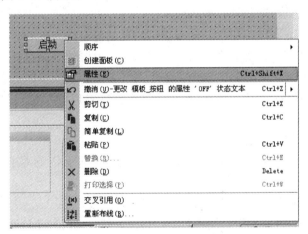

图 4-87　触摸屏指示灯的制作

9）设置各按键与 PLC 中软元件的对应关系。在上述步骤完成后，所有对象均通过变量地址属性的修改与 PLC 软元件建立对应关系见表 4-14。

表 4-14　各按键与 PLC 中软元件的对应关系

对　象	名　称	颜　色		对应软件
		OFF	ON	
按钮	主接触器通电			M 0.1
按钮	主接触器断电			M 0.2
按钮	操作启动			M 0.3
按钮	主接触器通电			M 0.4

（续）

对　象	名　称	颜　色		对应软件
		OFF	ON	
指示灯	低速运行	红色	绿色	Q0.1
指示灯	中速运行	红色	绿色	Q0.2
指示灯	高速运行	红色	绿色	Q0.3
指示灯	正转运行启动	红色	绿色	Q0.4
指示灯	变频器接通	红色	绿色	Q0.5
指示灯	低速运行	红色	绿色	Q0.6

3. 系统的安装接线及运行调试

1）首先将主、控电路按图 4-80 进行连线，并与实际操作中情况相结合。

2）经检查无误后方可通电。

3）在通电后不要急于运行，应先检查各电气设备的连接是否正常，然后进行单一设备的逐个调试。

4）按照系统要求进行 PLC 程序的编写并传入 PLC 内，并进行模拟运行调试，观察输入和输出点是否和要求一致。

5）按照系统要求进行变频器参数的设置。

6）对整个系统统一调试，包括安全和运行情况的稳定性。

7）在系统正常情况下，下载完成后，TP 270A 触摸屏约 5s 后进入"起始画面"，单击各开关按钮，观察 PLC 的相应输出指示灯是否点亮，驱动接触器是否使得电动机运转或停止。否则，检查系统接线、组态通信设置、变频器参数和 PLC 程序，直至按要求运行。

三、注意事项

1）线路必须检查清楚才能通电。

2）在系统运行调整中要有准确的实际记录，是否转速变化范围小，运行是否平稳，以及节能效果如何。

3）对运行中出现的故障现象进行准确的描述分析。

4）注意在离心机控制时不得长期超负荷运行，否则电动机和变频器将因过载而停止运行。

第七节　电　梯　控　制

一、电梯设备的变频调速

电梯是一种垂直运输工具，在运行中不但具有动能，而且具有势能。电梯驱动电动机经常处在正转和反转、起动和制动过程中。对于负载大、速度高的电梯，提高运行效率、节约电能是重点要解决的问题，如图 4-88 所示为电梯驱动机构示意图。

电梯的动力来自电动机，一般选用功率 11kW 或 15kW 的电动机。曳引机的作用有三个：一是调速，二是驱动曳引钢丝

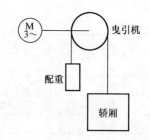

图 4-88　电梯驱动机构示意图

绳，三是在电梯停车时实施制动。为了加大负载能力，钢丝绳的一端是轿厢，另一端加装了配重装置，配重的质量随电梯负载的大小而变化。其计算公式为

$$配重的质量 = (载重量/2 + 轿厢自重) \times 45\%$$

式中，45% 是平衡系数，一般要求平衡系数为 45% ~ 50%，这种驱动机构可使电梯的负载能力大大提高。

二、控制要求

有一个三层电梯控制系统，需进行 PLC 和变频器配合进行自动控制，控制要求如下：

1）电梯停在一层或二层，三层呼叫时，则电梯上行至三层停止。

2）电梯停在二层或三层，一层呼叫时，则电梯下行至一层停止。

3）电梯停在一层，二层呼叫时，则电梯上行至二层停止。

4）电梯停在三层，二层呼叫时，则电梯下行至二层停止。

5）电梯停在一层，二层和三层同时呼叫时，则电梯上行至二层停止 Ts，然后继续自动上行至三层停止。

6）电梯停在三层，二层和一层同时呼叫时，则电梯上行至二层停止 Ts，然后继续自动下行至一层停止。

7）电梯上行途中，下降呼叫无效；电梯下降途中，上行呼叫无效。

8）轿厢所停位置层呼叫时，电梯不响应。

9）电梯楼层定位采用旋转编码器脉冲定位（采用型号为 OVW2-06-2MHC 的旋转编码器，脉冲为 600 脉冲/r，DC 24V 电源），不设置磁感应位置开关。

10）有上行、下行定向指示，上行或下行延时启动。

11）电梯到达目的层时，先减速后平层，减速脉冲个数根据现场来确定。

12）电梯具有快车速度 50Hz，爬行速度 6Hz，当平层信号到来时，电梯从 6Hz 减速到 0Hz；

13）电梯启动的加速时间、减速时间可根据实际情况而定。

14）轿厢所停位置楼层有数码管显示。

三、程序设计

（1）结合系统进行 PLC 的输入/输出点分配 I/O 分配见表 4-15。

表 4-15 I/O 分配

输　入	功　能	输　出	功　能
I0.0	HC0 高速计数器	Q0.4	1 层呼叫指示
I0.4	计数在一层时强迫复位	Q0.5	2 层呼叫指示
		Q0.6	3 层呼叫指示
I0.1	1 层呼叫	Q0.7	电梯上升箭头
I0.2	2 层呼叫	Q1.0	电梯下降箭头
I0.3	3 层呼叫	Q0.0	电梯上升 STF 信号
		Q0.1	电梯下降 STR 信号
		Q0.2	减速运行至 6Hz
		Q1.1 ~ Q1.7	电梯轿厢位置数码显示

（2）设定变频器的参数 曳引电动机变频参数见表4-16～表4-18。

表4-16 恢复出厂默认值

参　数　号	功　能　说　明	设　置　值
P0010	工厂设置	30
P3900	结束快速调试，进入运行准备	1
P0970	参数复位	1

表4-17 曳引电动机参数设置

参　数　号	功　能　说　明	设　置　值
P0003	用户访问级别为标准级	1
P0010	快速调试	1
P0700	命令源选择"由端子排输入"	2
P1000	选择固定频率设置	3
P3900	结束快速调试，进入运行准备	1
P0304	电动机额定电压/V	380
P0305	电动机额定电压/A	22
P0307	电动机额定功率/kW	11
P0310	电动机额定频率/Hz	50

表4-18 变频器参数设置

参　数　号	功　能　说　明	设　置　值
P0003	用户访问级别为专家级	3
P0700	命令源选择"由端子排输入"	2
P0701	选择固定频率/Hz	17
P1001	设置固定频率1/Hz	6
P1082	最大频率输出/Hz	50
P1120	斜坡上升时间/s	2
P1121	斜坡下降时间/s	1

（3）电梯编码器的相关问题 采用600P的电梯编码器，4极电动机的转速为1500r/min，则50Hz时每秒脉冲个数为：[（1500r/min）÷60s]×600脉冲=15000脉冲/s；设电梯每层相隔75000脉冲，在60000个脉冲时减速为6Hz，电梯运行前必须先操作I0.4复位。

三层电梯脉冲个数的计算，每层运行5s，提前1s减速，具体计算如图4-89所示。

（4）电梯控制系统的接线（见图4-90）。

（5）带编码器的三层电梯控制系统PLC梯形图（见图4-91）。

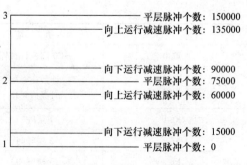

图4-89 脉冲个数计算

~380
DC24
+
−
COM
SB1
I0.1
SB2
I0.2
SB3
I0.3
SB4
I0.4
I0.0
S7-200
COM1
Q0.0
Q0.1
Q0.2
9
5
6
7
MM420
U
V
W
M
3~
PLG
绿黑红
FU
COM2、3
+24V
Q0.4
0V
Q0.5
Q0.6
Q0.7
Q1.0
Q1.1
Q1.2
Q1.3
Q1.4
Q1.5
Q1.6
Q1.7
▲▼
0V/+24V

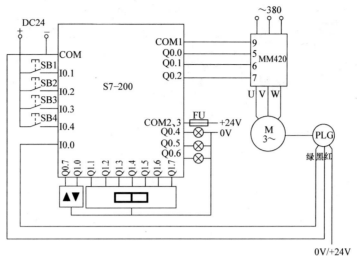

图 4-90　电梯控制系统的接线

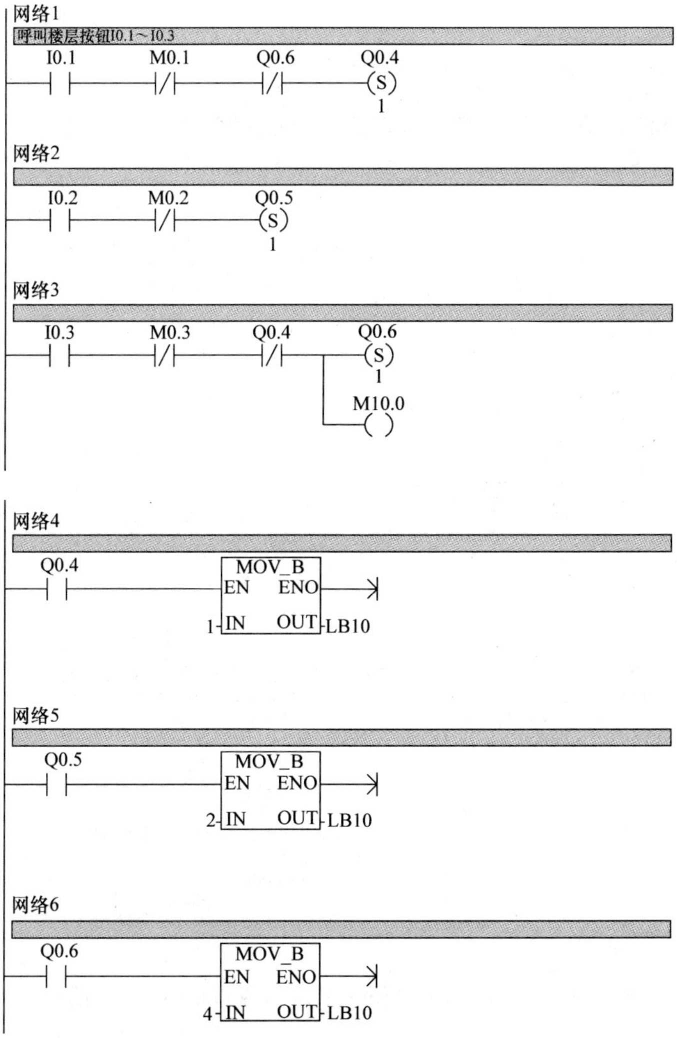

网络1
呼叫楼层按钮I0.1～I0.3
I0.1
M0.1
Q0.6
Q0.4
S
1
网络2
I0.2
M0.2
Q0.5
S
1
网络3
I0.3
M0.3
Q0.4
Q0.6
S
1
M10.0
网络4
Q0.4
MOV_B
EN
ENO
1
IN
OUT
LB10
网络5
Q0.5
MOV_B
EN
ENO
2
IN
OUT
LB10
网络6
Q0.6
MOV_B
EN
ENO
4
IN
OUT
LB10

图 4-91　带编码器的三层电梯控制系统 PLC 梯形图

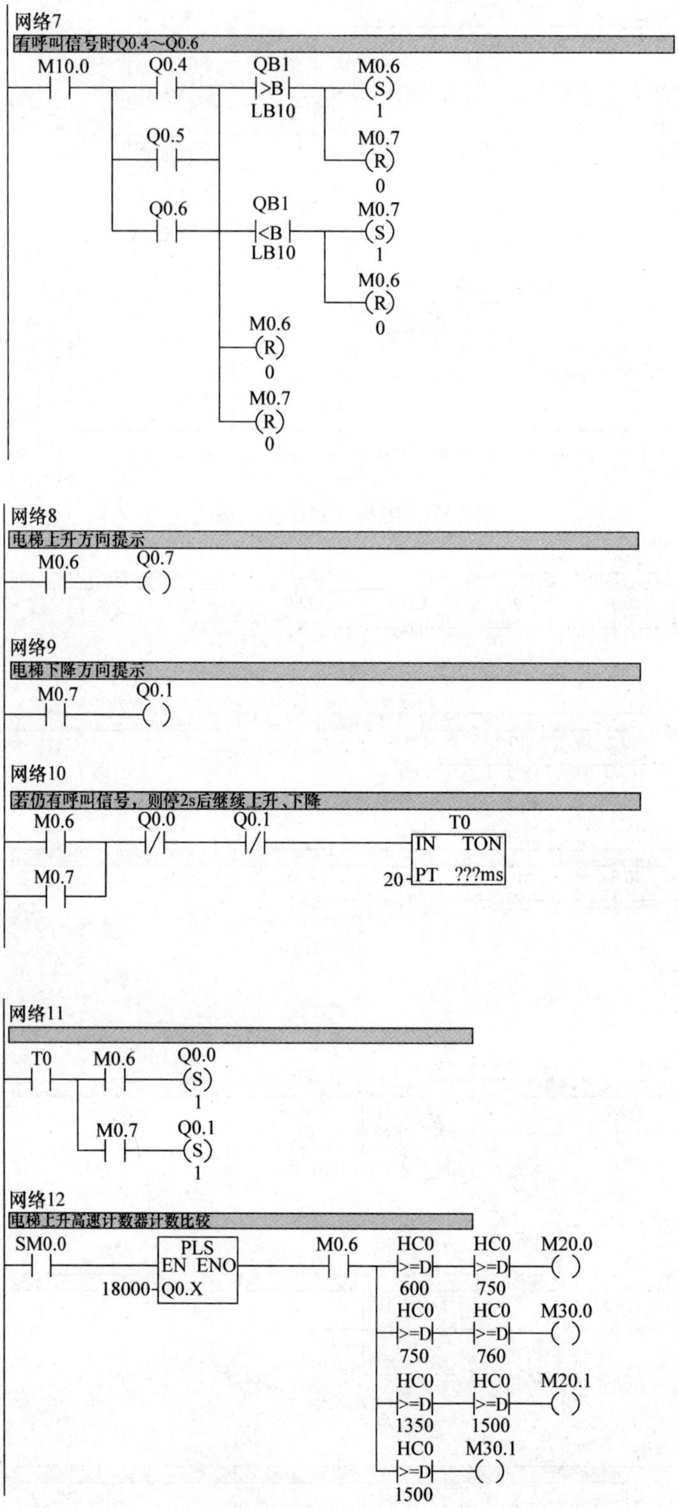

网络7

有呼叫信号时Q0.4～Q0.6

```
M10.0    Q0.4     QB1      M0.6
─┤├──┬──┤├──┬──┤>B├──────(S)
     │       │   LB10      1
     │       │
     │       │            M0.7
     │       └───────────(R)
     │                     0
     │
     │   Q0.5
     ├──┤├──┘
     │
     │   Q0.6    QB1      M0.7
     ├──┤├──┬──┤<B├──────(S)
     │       │   LB10      1
     │       │
     │       │            M0.6
     │       └───────────(R)
     │                     0
     │
     │            M0.6
     └───────────(R)
     │            0
     │            M0.7
     └───────────(R)
                  0
```

网络8

电梯上升方向提示

```
M0.6     Q0.7
─┤├──────( )
```

网络9

电梯下降方向提示

```
M0.7     Q0.1
─┤├──────( )
```

网络10

若仍有呼叫信号，则停2s后继续上升、下降

```
M0.6     Q0.0     Q0.1              T0
─┤├──┬──┤/├──────┤/├──────────┤IN  TON
     │                          │
M0.7 │                     20──┤PT  ???ms
─┤├──┘
```

网络11

```
T0      M0.6     Q0.0
─┤├──┬──┤├──────(S)
     │            1
     │
     │   M0.7     Q0.1
     └──┤├──────(S)
                  1
```

网络12

电梯上升高速计数器计数比较

```
SM0.0      PLS              M0.6     HC0      HC0      M20.0
─┤├──────┤EN  ENO├─────────┤├──────┤>=D├───┤>=D├────( )
                                     600      750
   18000─┤Q0.X├
                                     HC0      HC0      M30.0
                                   ┤>=D├───┤>=D├────( )
                                     750      760
                                     HC0      HC0      M20.1
                                   ┤>=D├───┤>=D├────( )
                                     1350     1500
                                     HC0      M30.1
                                   ┤>=D├────( )
                                     1500
```

图 4-91　带编码器的三层电梯控制系统 PLC 梯形图（续）

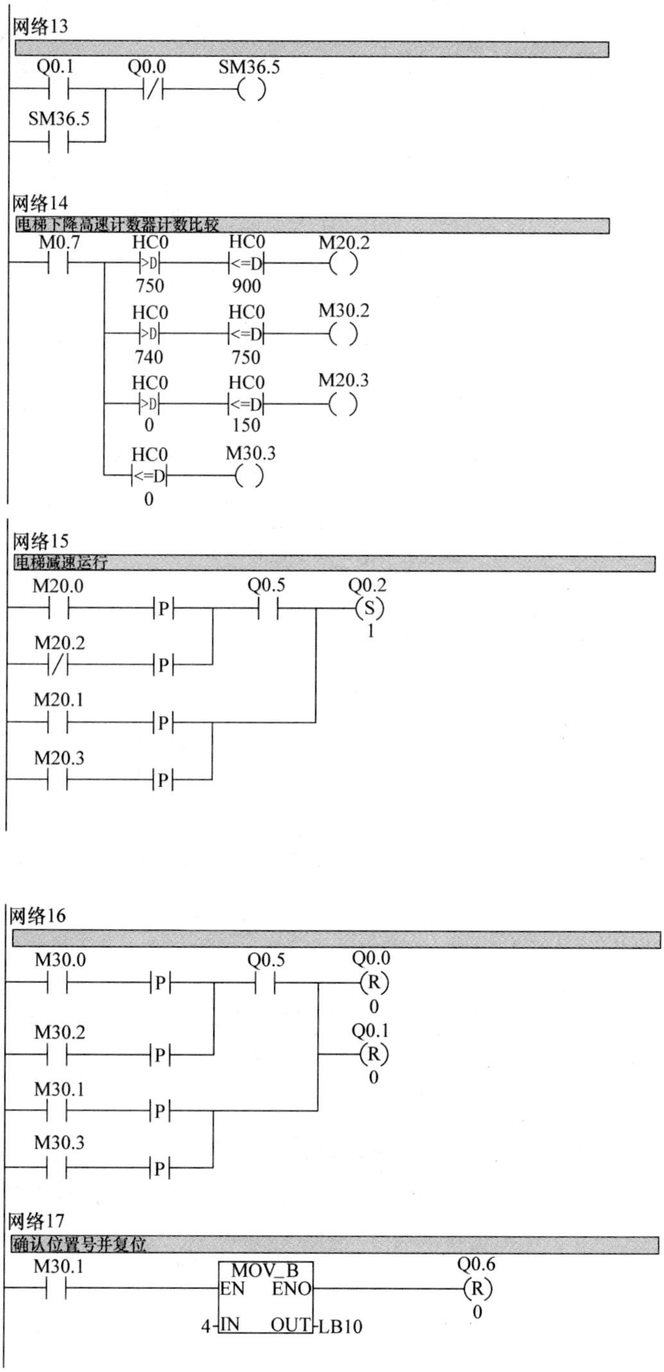

网络13

Q0.1　Q0.0　SM36.5

SM36.5

网络14

电梯下降高速计数器计数比较

M0.7　HC0 >D 750　HC0 <=D 900　M20.2

　　　HC0 >D 740　HC0 <=D 750　M30.2

　　　HC0 >D 0　HC0 <=D 150　M20.3

　　　HC0 <=D 0　M30.3

网络15

电梯减速运行

M20.0 ─┤P├─　Q0.5　Q0.2 (S) 1

M20.2 ─┤/├─┤P├

M20.1 ─┤P├

M20.3 ─┤P├

网络16

M30.0 ─┤P├─　Q0.5　Q0.0 (R) 0

M30.2 ─┤P├　　　　　Q0.1 (R) 0

M30.1 ─┤P├

M30.3 ─┤P├

网络17

确认位置号并复位

M30.1　MOV_B　EN ENO　4 IN OUT LB10　Q0.6 (R) 0

图 4-91　带编码器的三层电梯控制系统 PLC 梯形图（续）

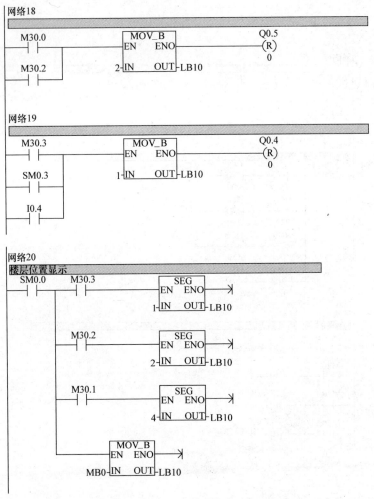

图 4-91 带编码器的三层电梯控制系统 PLC 梯形图（续）

四、系统的安装接线及运行调试

1）结合实际要求和实际情况进行设备及元器件的合理布置和安装，然后根据图样进行导线连接，变频器、电动机及 PLC 编码器的连线如图 4-90 所示。

2）经检查无误后方可通电。

3）按照要求进行 PLC 程序编写及变频器参数的设置。

4）PLC 程序传输完成及变频器参数设置好后，首先进行单一测试，然后对整个系统进行统一调试，在测试合格后才可进行正常负载运行。

五、注意事项

1）线路必须检查清楚才能通电。

2）在系统调试中，可根据实际要求和实际情况对变频器转矩提升和其相关参数进行修改，注意系统运行中的安全性和稳定性。

3）对运行中出现的故障现象进行准确的描述和分析。

六、触摸屏应用监控组态设计

（1）创建组态 进入 WinCC flexible 项目管理器，单击"添加画面"创建"电梯控制系统"组态监控工程。

（2）定义 I/O 设备　选取 PLC 类别为 "SIEMENS（西门子）PLC"，定义 I/O 设备，将设备名称定义为 "PLC"，设备地址定义为 "2"。

（3）组态窗口设计　绘制如图 4-92 所示供水系统主界面窗口，并以 "电梯监控主界面窗口" 为名进行存盘。

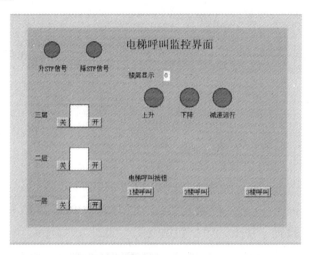

图 4-92　电梯监控主界面窗口

（4）触摸屏编辑步骤

1）进入 "SIMATIC WinCC flexible 2007" 软件，选择 "使用项目向导创建一个新项目"，选择 "小型设备"。

2）单击 "下一步" 按钮，在 "HMI 设备" 选项中单击 "…"，进入有关的对话框，根据采用的实际设备，选择 "TP 270 10″" 触摸屏，单击 "确定" 按钮。

3）在 "连接" 选项中选择 "1F1 B"。

4）在 "控制器" 选项中单击 "▼"，在下拉菜单中选择 "SIMATIC S7 200"，单击 "下一步" 按钮，进入控制器对话框。

5）如果需要标题，在 "标题" 选项中打 "√"；如果需要浏览条，在 "浏览条" 选项中打 "√"；如果需要报警行/报警窗口，在 "报警行/报警窗口" 选项中打 "√"。设置完成后，单击 "完成" 按钮进入软件主界面。

6）通信参数的设置。在 "项目" 栏中单击 "通讯" 项下的 "连接" 项，进入如图 4-93 所示的界面。双击基本界面的第一行，"名称" 项输入 "S7-200" 或其他名称；在 "通讯驱动程序" 项单击 "▼" 选择 "SIMATIC S7 200"。在属性栏中，"配置文" 选择 "PPI"，"主站数" 设置为 "1"。在 "HMI 设备" 中选择类型为 "Simatic"；设置波特率为 "187500"，地址为 "1"；在 "总线上的唯一主站" 前打 "√"。在 "PLC 设备" 项中 "地址" 设为 "2"，该设置与 PLC 设置必须一致，否则无法通信。

7）变量的连接。在 "项目" 栏中双击 "通讯" 项下的 "变量" 项，进入如图 4-94 所示的界面。

双击变量界面中的空行，输入变量名称 "楼上" 在 "连接" 栏中选择 "S7-200"，在

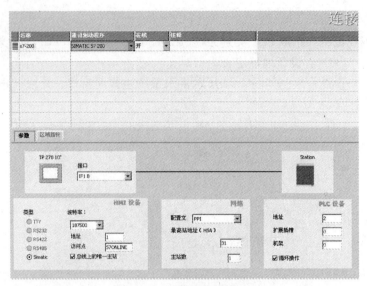

图 4-93　通信参数的设置

"数据类型"选择"Bool"，在地址栏输入"Q0.0"（对应 PLC 的 I0.0 输入），采集周期选择"1s"。同样的方法设置"楼下"等按钮的变量，如图 4-94 所示。

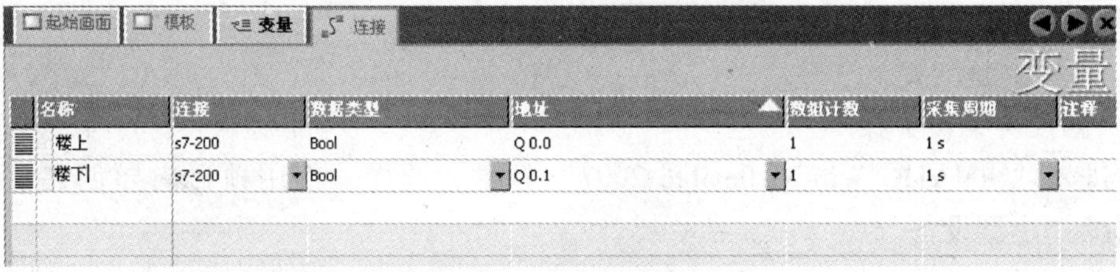

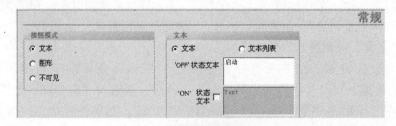

图 4-94　变量界面

8）触摸屏按钮和指示灯的制作。双击项目栏中的"画面"下的"起始画面"，在工具栏的简单对象中先单击一下"按钮"，再在当前正在编辑的画面中单击一下，按钮就添加到画面中。在画面中双击"按钮"弹出如图 4-95 所示的属性对话框，在文本中输入"启动"。

图 4-95　按钮的制作

如果字体太大，单击"属性"，展开属性菜单后再单击"文本"，选择适合的字体。

双击项目栏中的"画面"下的"起始画面"，在工具栏的简单对象中先单击一下"圆"，再在当前正在编辑的画面中单击一下，指示灯就添加到画面中了。如果字体太大，单击"属性"，展开属性菜单后再单击"文本"，选择适合的字体。在属性中选择"填充颜色"为"红色"。

9）触摸屏实时数据（见表4-19）。

表4-19　触摸屏实时数据

对　象	名　称	颜　色		对应软件
		OFF	ON	
按钮	计数器			M 0.1
按钮	1层呼叫			M 0.2
按钮	2层呼叫			M 0.3
按钮	3层呼叫			M 0.4
按钮	4层呼叫			M0.5
指示灯	1层呼叫	红色	绿色	Q0.0
指示灯	2层呼叫	红色	绿色	Q0.1
指示灯	3层呼叫	红色	绿色	Q0.2
指示灯	电梯下降	红色	绿色	Q0.3
指示灯	电梯上升	红色	绿色	Q0.4
指示灯	升STF（正转启动）信号	红色	绿色	Q0.5
指示灯	降STR（反转启动）信号	红色	绿色	Q0.6
指示灯	减速运行	红色	绿色	Q0.7
IO域	数码显示			Q0.1～Q0.7

第八节　恒压供水控制

随着现代城市不断的开发，传统的供水系统越来越无法满足用户供水需求，变频恒压供水系统是现代建筑中普遍采用的一种供水系统。变频恒压供水系统的节能、安全、高质量的特性使得其越来越广泛用于工厂、住宅、高层建筑的生活及消防供水系统。恒压供水是指用户端在任何时候，无论用水量的大小，总能保持网管中水压的基本恒定。变频恒压供水系统利用PLC、传感器、变频器及水泵机组组成闭环控制系统，使管网压力保持恒定，代替了传统的水塔供水控制方案，具有自动化程度高、高效节能的优点，在小区供水和工厂供水控制中得到广泛应用，并取得了明显的经济效益。

一、控制要求

采用PLC和变频器对图4-96所示恒压供水系统进行控制。

1）当用水量较小时，KM1得电闭合，启动变频器；KM2得电闭合，水泵电动机M1投入变频运行。

2）随着用水量的增加，当变频器的运行频率达到上限值时，KM2失电断开，KM3得电闭合，水泵电动机M1投入工频运行；KM4得电闭合，水泵电动机M2投入变频运行。

3）在电动机M2变频运行5s后，当变频器的运行频率达到上限值时，KM4失电断开，KM5得电闭合，水泵电动机M2投入工频运行；KM6得电闭合，水泵电动机M3投入变频运行；

电动机 M1 继续工频运行。

4）随着用水量的减小，在电动机 M3 变频运行时，当变频器的运行频率达到下限值时，KM6 失电断开，电动机 M3 停止运行；延时 5s 后，KM5 失电断开，KM4 得电闭合，水泵电动机 M2 投入变频运行；电动机 M1 继续工频运行。

5）在电动机 M2 变频运行时，当变频器的运行频率达到下限值时，KM4 失电断开，电动机 M2 停止运行；延时 5s 后，KM3 失电断开，KM2 得电闭合，水泵电动机 M1 投入变频运行。

6）压力传感器将管网的压力变为交流电流 4mA 的信号，经模拟量模块输入 PLC，PLC 根据设定值与检测值进行 PID 运算，输出控制信号经模拟量模块至变频器，调节水泵电动机的供电电压和频率。

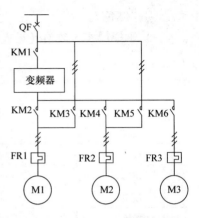

图 4-96　恒压供水主电路原理图

根据要求设计恒压供水的 PLC 控制电路梯形图并进行安装与调试。

二、程序设计

（1）分配输入/输出点数　恒压供水 PLC 控制系统输入/输出分配见表 4-20。

表 4-20　恒压供水 PLC 控制系统输入/输出分配

输　入			输　出		
元 件 代 号	元 件 功 能	输入继电器	元 件 代 号	元 件 功 能	输出继电器
SB1	启动按钮	I0.0	KM1	变频器运行	Q0.1
19、20 端	变频器下限频率	I0.1	KM2	M1 变频运行	Q0.2
21、22 端	变频器上限频率	I0.2	KM3	M1 工频运行	Q0.3
			KM4	M2 变频运行	Q0.4
			KM5	M2 工频运行	Q0.5
			KM6	M3 变频运行	Q0.6

（2）画出 I/O 接线　采用西门子 S7—300 系列 PLC 和变频器实现恒压供水控制变频调速系统接线，如图 4-97 所示。

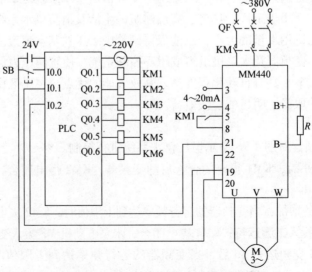

图 4-97　恒压供水控制变频调速系统接线

（3）编写梯形图　恒压供水控制系统 PLC 梯形图如图 4-98 所示。

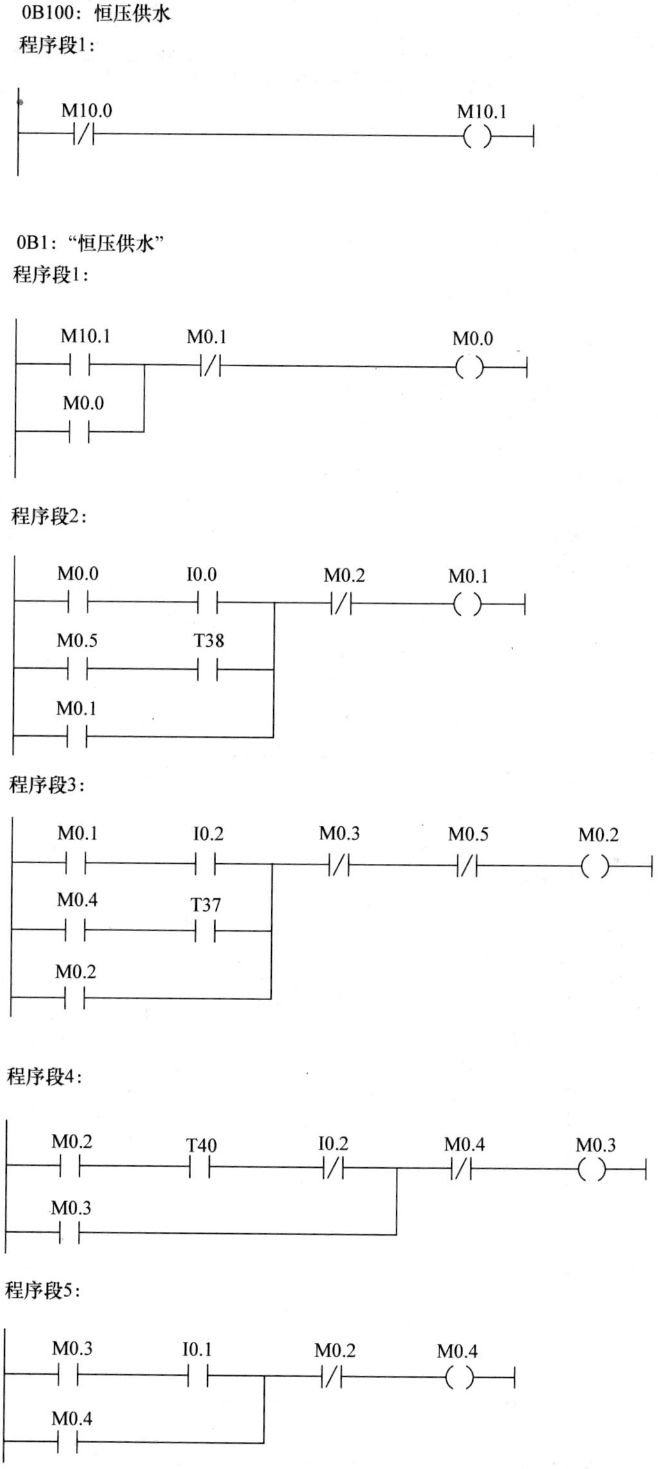

OB100：恒压供水
程序段1：

```
    M10.0                                    M10.1
  ───┤/├────────────────────────────────────( )───
```

OB1："恒压供水"
程序段1：

```
    M10.1      M0.1                           M0.0
  ───┤ ├───┬───┤/├───────────────────────────( )───
            │
    M0.0   │
  ───┤ ├───┘
```

程序段2：

```
    M0.0       I0.0         M0.2       M0.1
  ───┤ ├───────┤ ├────┬─────┤/├────────( )───
                      │
    M0.5       T38    │
  ───┤ ├───────┤ ├────┤
                      │
    M0.1              │
  ───┤ ├──────────────┘
```

程序段3：

```
    M0.1       I0.2        M0.3       M0.5       M0.2
  ───┤ ├───────┤ ├────┬────┤/├────────┤/├────────( )───
                      │
    M0.4       T37    │
  ───┤ ├───────┤ ├────┤
                      │
    M0.2             │
  ───┤ ├──────────────┘
```

程序段4：

```
    M0.2       T40        I0.2       M0.4       M0.3
  ───┤ ├───────┤/├────┬────┤ ├───────┤/├────────( )───
                      │
    M0.3             │
  ───┤ ├──────────────┘
```

程序段5：

```
    M0.3       I0.1        M0.2       M0.4
  ───┤ ├───────┤ ├────┬────┤/├────────( )───
                      │
    M0.4             │
  ───┤ ├──────────────┘
```

图 4-98　恒压供水控制系统 PLC 梯形图

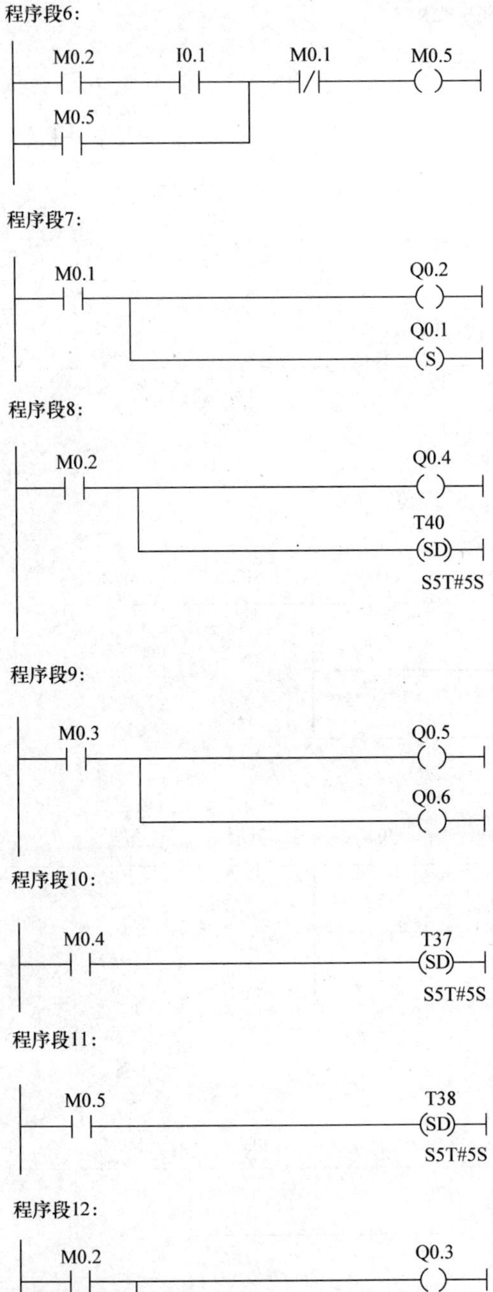

程序段6:

```
   M0.2      I0.1        M0.1      M0.5
───┤├────────┤├────┬────┤/├──────( )───┤
                   │
   M0.5            │
├───┤├────────────┘
```

程序段7:

```
   M0.1                            Q0.2
───┤├────────────┬────────────────( )───┤
                 │                 Q0.1
                 └────────────────(S)───┤
```

程序段8:

```
   M0.2                            Q0.4
───┤├────────────┬────────────────( )───┤
                 │                 T40
                 └────────────────(SD)──┤
                                   S5T#5S
```

程序段9:

```
   M0.3                            Q0.5
───┤├────────────┬────────────────( )───┤
                 │                 Q0.6
                 └────────────────( )───┤
```

程序段10:

```
   M0.4                            T37
───┤├─────────────────────────────(SD)──┤
                                   S5T#5S
```

程序段11:

```
   M0.5                            T38
───┤├─────────────────────────────(SD)──┤
                                   S5T#5S
```

程序段12:

```
   M0.2                            Q0.3
───┤├────────────┬────────────────( )───┤
                 │
   M0.3          │
├───┤├──────────┘
```

图 4-98　恒压供水控制系统 PLC 梯形图（续）

（4）恒压供水控制系统 MM440 变频器参数设置（见表 4-21）。

表 4-21　恒压供水控制系统 MM440 变频器参数设置

参　数　号	设　定　值	说　　　明
P0003	3	用户访问所有参数
P0100	0	功率用 kW 表示，频率为 50Hz
P0300	1	电动机类型选择（异步电动机）
P0304	380	电动机额定电压（V）
P0305	3	电动机额定电流（A）
P0307	11	电动机额定功率（kW）
P0309	0.94	电动机额定效率（%）
P0310	50	电动机额定频率（Hz）
P0311	2950	电动机额定转速（r/min）
P0700	2	命令由端子排输入
P0701	1	端子 DIN1 功能为 ON 接通正转
P0725	1	端子输入高电平有效
P0731	53.2	已达到最低频率
P0732	52.A	已达到最高频率
P1000	1	频率设定由 BOP 设置
P1080	10	电动机运行的最低频率
P1082	50	电动机运行的最高频率
P1120	5 秒	加速时间
P1121	5 秒	减速时间
P2200	1	PID 控制功能有效
P2240	60（%）	由面板设定目标参数
P2253	2250	已激活的 PID 设定值
P2254	70	无 PID 微调信号源
P2255	100	PID 设定值的增益系数
P2256	0	PID 微调信号增益系数
P2257	1	PID 设定值斜坡上升时间
P2258	1	PID 设定值的斜坡下降时间
P2261	0	PID 设定值无滤波
P2264	755.0	PID 反馈信号由 AIN + 设定
P2265	0	PID 反馈信号无滤波
P2267	100	PID 反馈信号的上限值（%）
P2268	0	PID 反馈信号的下限值（%）
P2269	100	PID 反馈信号的增益（%）
P2270	0	不用 PID 反馈器的数学模型
P2271	0	PID 传感器的反馈型式为正常
P2280	15	PID 比例增益系数
P2285	10	PID 积分时间
P2291	100	PID 输出上限（%）
P2292	0	PID 输出下限（%）
P2293	1	PID 限幅的斜坡上升/下降时间（s）

三、安装和调试

1）按照如图 4-97 所示接线进行安装。

2）经检查无误后方可通电。

3）在通电后不要急于运行，应先检查各电气设备的连接是否正常，然后对单一设备的逐个进行调试。

4）按照系统要求对 PLC 程序进行编写并传入 PLC，进行模拟运行调试，观察输入和输出点是否和要求一致。

5）按照系统要求对变频器参数进行设置。

6）对整个系统统一调试，包括安全和运行情况的稳定性。

7）在系统正常情况下，按下合闸按钮，就开始按照控制要求运行调试。根据程序调节模拟量输入，从而调节变频器控制恒压供水控制系统电动的转速，从而实现恒压供水的变频调速自动控制。

四、触摸屏应用监控组态设计

（1）创建组态　进入 WinCC flexible 项目管理器，单击"添加画面"创建"恒压供水控制系统"组态监控工程。

（2）定义 I/O 设备　选取 PLC 类别为"SIEMENS（西门子）PLC"，定义 I/O 设备，将设备名称定义为"PLC"，设备地址定义为"2"。

（3）组态窗口设计　绘制如图 4-99 所示供水系统主界面窗口，并以"系统主界面窗口"为名进行存盘。

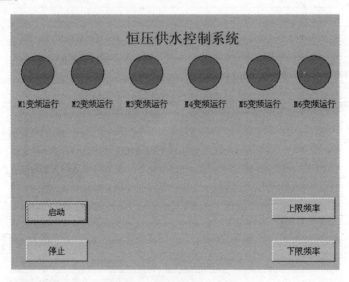

图 4-99　系统主界面窗口

（4）触摸屏编辑步骤

1）进入"SIMATIC WinCC flexible 2007"软件，选择"使用项目向导创建一个新项目"，选择"小型设备"。

2）单击"下一步"按钮，在"HMI 设备"选项中单击"…"，进入如图 4-100 所示的对话框，根据采用的实际设备，选择"TP 270 10""触摸屏，单击"确定"按钮。

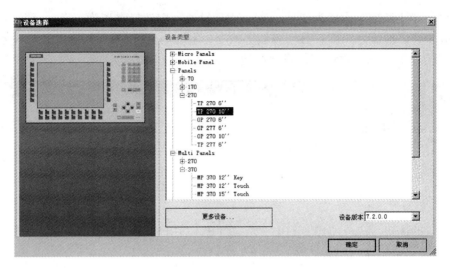

图4-100　选择设备

3）在"连接"选项中选择"1F1 B"，如图4-101所示。

4）"控制器"选项中单击"▼"，在下拉菜单中选择"SIMATIC S7 200"，单击"下一步"按钮，进入如图4-102所示的对话框。

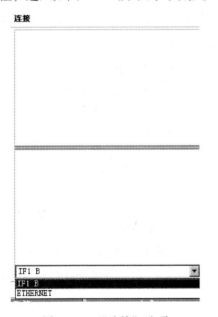

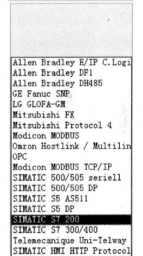

图4-101　"连接"选项　　　　　　图4-102　单击"控制器"选项

5）如果需要标题，在"标题"选项中打"√"；如果需要浏览条，在"浏览条"选项中打"√"；如果需要报警行/报警窗口，在"报警行/报警窗口"选项中打"√"。设置完成后单击"完成"按钮进入软件主界面。

6）通信参数的设置。在"项目"栏中单击"通讯"项下的"连接"项，进入如图4-103通信参数的设置的所示的界面。双击基本界面的第一行，"名称"项输入"S7-200"或其他名称；在"通讯驱动程序"项单击"▼"选择"SIMATIC S7 200"。在属性栏中，"配置文"

选择"PPI","主站数"设置为"1"。在"HMI 设备"中选择类型为"Simatic";设置波特率为"187500",地址为"1";在"总线上的唯一主站"前打"√"。在"PLC 设备"项中"地址"设为"2",该设置与 PLC 设置必须一致,否则无法通信。

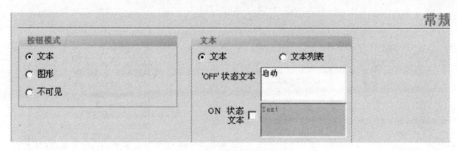

图 4-103　变量界面

7)变量的连接。在"项目"栏中双击"通讯"项下的"变量"项,进入如图 4-103 所示的界面。

双击变量界面中的空行,输入变量名称"变频运行"在连接栏中选择"S7-200",在"数据类型"选择"Bool",在地址栏输入"Q1.0"(对应 PLC 的 Q1.0 输出),采集周期选择"1s"。同样的方法设置"启动开关""阀门开关"等按钮的变量,如图 4-103 所示。

8)触摸屏按钮和指示灯的制作。双击项目栏中的"画面"下的"起始画面",在工具栏的简单对象中先单击一下"按钮",再在当前正在编辑的画面中单击一下,按钮就添加到画面中。在画面中双击"按钮"弹出如图 4-104 所示的属性对话框,在文本中输入"启动"。

图 4-104　按钮的制作

如果字体太大,单击"属性",展开属性菜单后再单击"文本",选择适合的字体。

双击项目栏中的"画面"下的"起始画面",在工具栏的简单对象中先单击一下"圆",再在当前正在编辑的画面中单击一下,指示灯就添加到画面中。如果字体太大,单击"属性",展开属性菜单后再单击"文本",选择适合的字体(见图 4-105)。在属性中选择"填充颜色"为"红色"。

图 4-105　触摸屏指示灯的制作

9）触摸屏实时数据（见表4-22）。

表4-22 触摸屏实时数据

对 象	名 称	颜 色		对应软件
		OFF	ON	
按钮	启动			M 0.1
按钮	停止			M 0.2
按钮	下限频率			M 0.3
按钮	上限频率			M 0.4
指示灯	变频器运行	红色	绿色	Q0.1
指示灯	M1 变频运行	红色	绿色	Q0.2
指示灯	M1 工频运行	红色	绿色	Q0.3
指示灯	M2 变频运行	红色	绿色	Q0.4
指示灯	M2 工频运行	红色	绿色	Q0.5
指示灯	M3 变频运行	红色	绿色	Q0.6

第九节 四轴机械手运动控制

随着社会生产不断进步和人们生活节奏不断加快，人们对生产效率也不断提出新要求。由于微电子技术和计算软、硬件技术的迅猛发展和现代控制理论的不断完善，使机械手技术快速发展，其中气动机械手系统由于其介质来源简便以及不污染环境、组件价格低廉、维修方便和系统安全可靠等特点，已渗透到工业领域的各个部门，在工业发展中占有重要地位。本任务主要讲述四轴机械手运动控制，其主要作用是完成机械部件的搬运工作，能放置在各种不同的生产线或物流流水线中，使零件搬运、货物运输更快捷、便利。

机械手是工业自动控制领域中经常遇到的一种控制对象。它可以完成许多工作，如搬物、装配、切割、喷染等，应用非常广泛。

一、系统控制要求

1）设计四轴机械手步进电动机驱动系统。

2）设计四轴机械手定位控制系统。

3）设计四轴机械手 PLC 控制系统。

4）设计四轴机械手组态监控界面。

二、程序设计

1. 步进电动机驱动系统设计

（1）系统 I/O 地址分配 根据系统要求，系统 I/O 分配见表4-23。

表4-23 系统 I/O 分配

输入信号		输出信号	
地址分配	功能及注释	地址分配	功能及注释
I0.4（SW0）	手动控制开关	Q0.0	水平轴电动机脉冲信号
I0.7（SQ6）	X 轴原点	Q0.2	水平轴电动机方向信号
I0.2（SQ7）	X 轴限位		

（2）步进电动机驱动系统接线绘制 四轴机械手运动控制系统接线如图4-106所示。

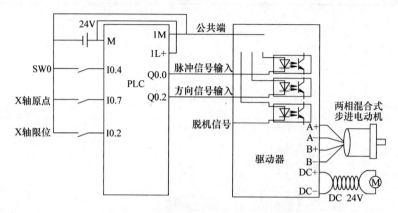

图4-106 四轴机械手运动控制系统接线

（3）梯形图程序设计 四轴机械手运动控制系统PLC梯形图如图4-107所示。

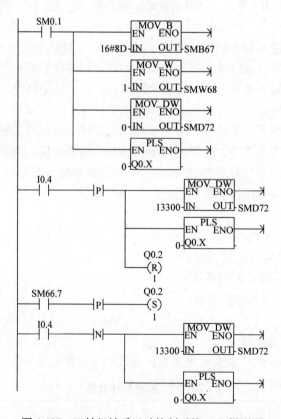

图4-107 四轴机械手运动控制系统PLC梯形图

1）图4-107中的第一段是用于初始化脉冲发生器PT00，通过对控制字节"SMB67"传送"16#8D"，实现单段脉冲输出，扫描时间为1ms；对控制字"SMW68"、"SMD72"传送

"0"，从而实现系统的初始化。

2）图 4-107 中的第二段是用于控制脉冲发生器 PT00 发出 13300 个脉冲，以完成 10cm 的行走。

3）图 4-107 中的第三段是用于控制步进电动机大方向信号 Q0.2。

4）图 4-107 中的第四段是用于控制机械手回到初始位置。

2. 四轴机械手定位控制系统设计

（1）分配系统 I/O 地址　根据系统要求，系统 I/O 分配见表 4-24。

表 4-24　系统 I/O 分配

输入信号		输出信号	
地址分配	功能及注释	地址分配	功能及注释
I0.4（SW0）	手动控制开关	Q0.0	水平轴电动机脉冲信号
I0.7（SQ2）	X 轴原点	Q0.2	水平轴电动机方向信号
I0.2（SQ1）	X 轴限位	Q0.1	垂直轴电动机脉冲信号
I0.1（SQ4）	Y 轴原点	Q0.3	垂直轴电动机方向信号
I0.3（SQ3）	Y 轴限位		

（2）画出定位控制系统接线　四轴机械手定位控制系统接线如图 4-108 所示。

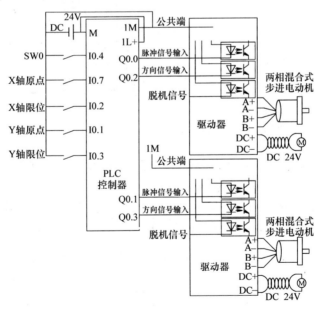

图 4-108　四轴机械手定位控制系统接线

（3）梯形图设计　四轴机械手定位控制系统 PLC 梯形图如图 4-109 所示。

3. 四轴机械手 PLC 控制系统设计

（1）设计思路　机械手能够按照以下动作实现对机械手装置的控制：

1）机械手机构横轴前伸，机械手旋转到位，电磁阀动作，机械夹手张开。

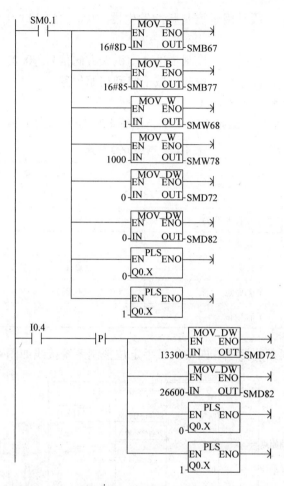

图 4-109　四轴机械手定位控制系统 PLC 梯形图

2）机械手机构竖轴下降，电磁阀复位，机械夹手夹紧，竖轴上升。

3）横轴缩回，底盘旋转到位，横轴前伸。

4）机械手旋转，竖轴下降，电磁阀动作，机械夹手张开，竖轴上升复位。

（2）系统 I/O 分配　系统 I/O 分配见表 4-25。

表 4-25　系统 I/O 分配

输 入 信 号		输 出 信 号	
地 址 分 配	功能及注释	地 址 分 配	功能及注释
I0.0	选择码盘光电传感器	Q0.0	水平轴电动机脉冲信号
I0.7	U 轴原点	Q0.2	水平轴电动机方向信号
I0.2	U 轴限位	Q0.1	垂直轴电动机脉冲信号
I0.1	L 轴原点	Q0.3	垂直轴电动机方向信号
I0.3	L 轴限位	Q1.0	底盘电动机正转

（续）

输入信号		输出信号	
地址分配	功能及注释	地址分配	功能及注释
I1.0	S轴原点接近开关	Q1.1	底盘电动机反转
I1.1	S轴限位接近开关	Q1.2	手臂电动机正转
I1.2	T轴原点接近开关	Q1.3	手臂电动机反转
I1.3	T轴限位接近开关	Q1.4	电磁阀

（3）机械手系统接线 机械手系统接线如图4-110所示。

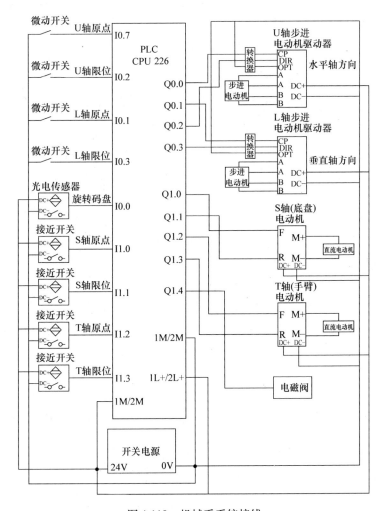

图4-110 机械手系统接线

（4）流程图设计 机械手的基本功能是用于进行货物的搬运码垛工作，其流程图如图4-111所示，梯形图如图4-112所示。

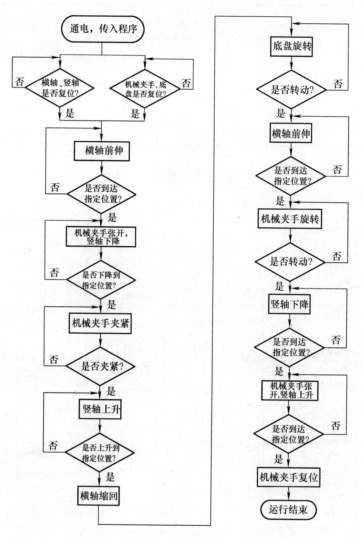

图 4-111　机械手控制系统的程序设计流程图

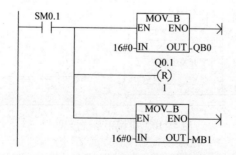

图 4-112　机械手控制系统 PLC 梯形图

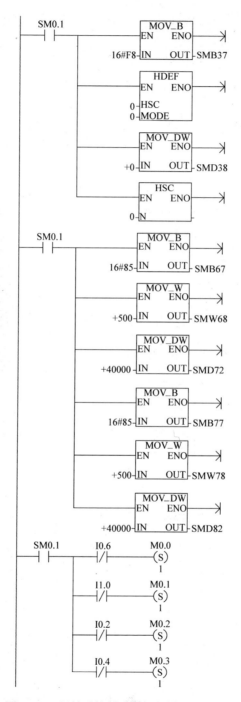

图 4-112　机械手控制系统 PLC 梯形图（续）

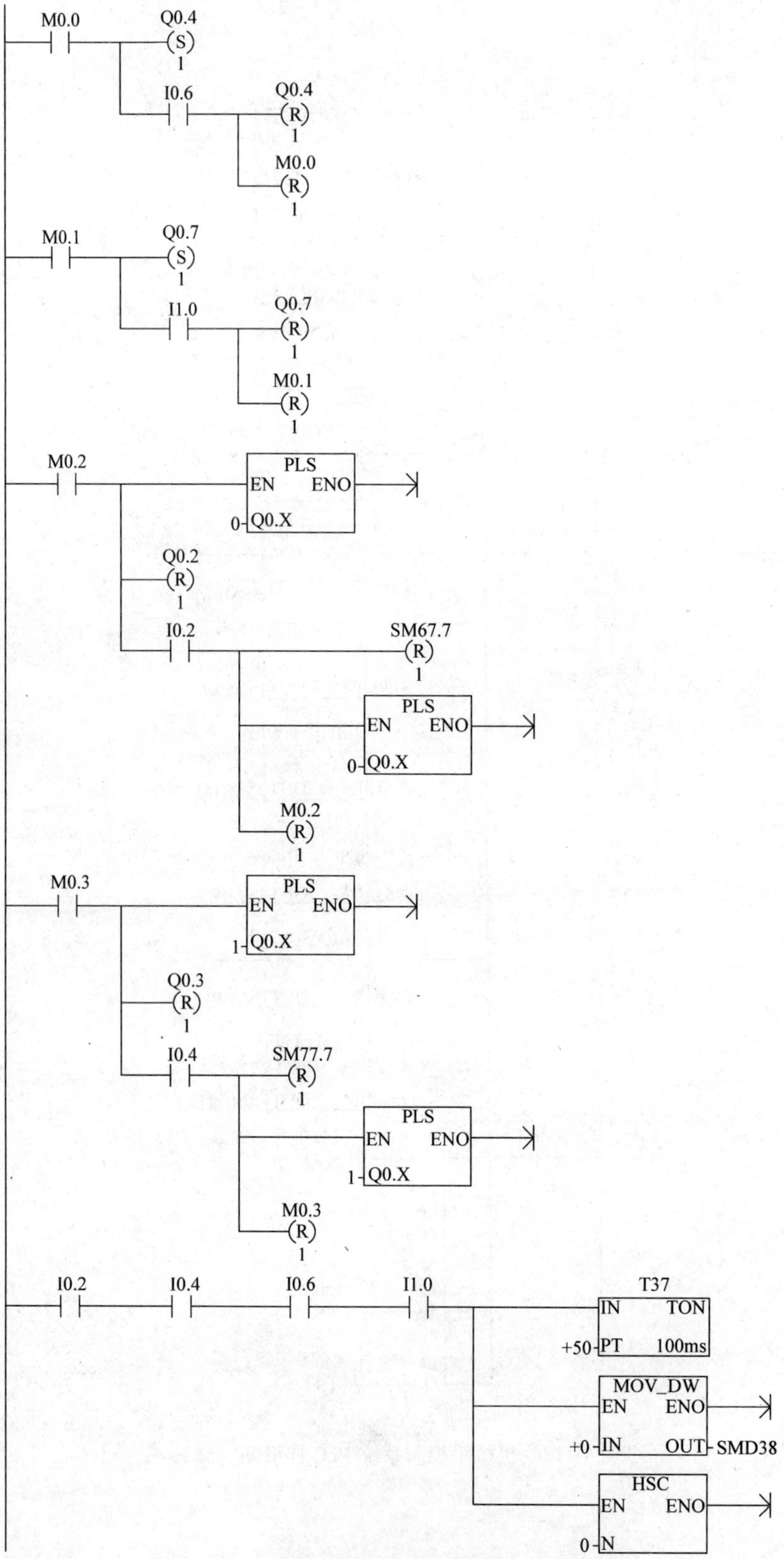

图 4-112　机械手控制系统 PLC 梯形图（续）

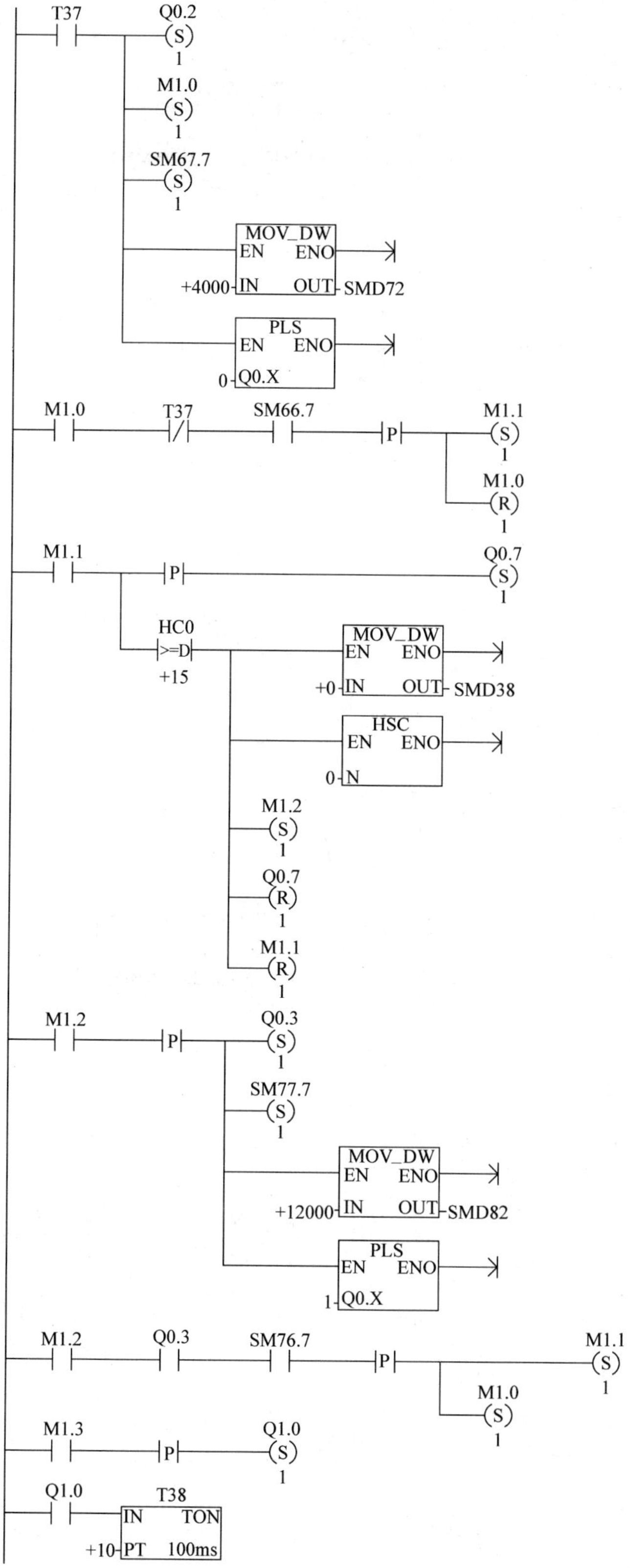

T37   Q0.2
      (S)
       1
      M1.0
      (S)
       1
      SM67.7
      (S)
       1

        MOV_DW
        EN ENO
+4000 IN   OUT SMD72

        PLS
        EN ENO
     0 Q0.X

M1.0   T37   SM66.7   P   M1.1
                                 (S)
                                  1
                                 M1.0
                                 (R)
                                  1

M1.1   P   Q0.7
                                  (S)
                                   1

       HC0   MOV_DW
       >=D   EN ENO
       +15   +0 IN   OUT SMD38

                      HSC
                      EN ENO
                    0 N

           M1.2
           (S)
            1
           Q0.7
           (R)
            1
           M1.1
           (R)
            1

M1.2   P   Q0.3
                 (S)
                  1
                 SM77.7
                 (S)
                  1

            MOV_DW
            EN ENO
+12000 IN   OUT SMD82

             PLS
             EN ENO
           1 Q0.X

M1.2   Q0.3 SM76.7   P   M1.1
                                   (S)
                                    1
                             M1.0
                             (S)
                              1

M1.3   P   Q1.0
                 (S)
                  1

Q1.0   T38
       IN   TON
+10 PT   100ms

图 4-112 机械手控制系统 PLC 梯形图（续）

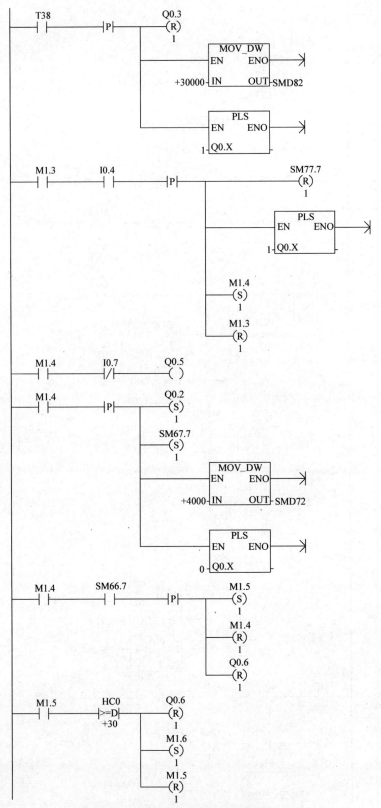

图 4-112　机械手控制系统 PLC 梯形图（续）

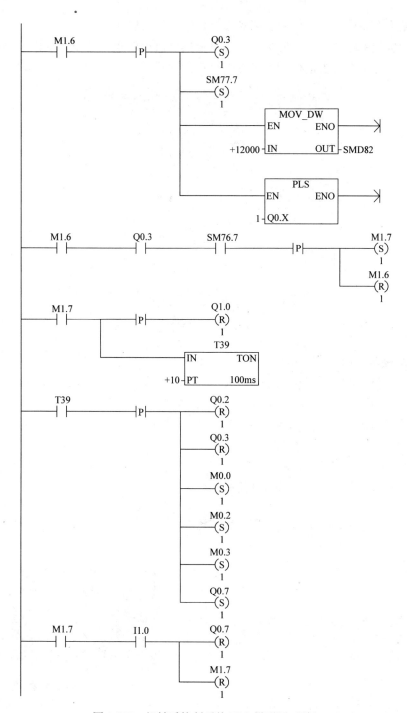

图 4-112　机械手控制系统 PLC 梯形图（续）

4. 四轴机械手组态监控界面设计

设计机械手触摸屏监控界面，利用"SIMATIC WinCC flexible 2007"软件中定时器控件与脚本程序实现机械手的模拟仿真。按下启动按钮后，机械手下移 5s→夹紧 2s→上升 5s→右移 10s→下移 5s→放松 2s→上移 5s→左移 10s，最后回到原始位置，自动循环，按下复位按钮后，机械手在完成本次操作后，回到原始位置，然后停止。

通过分析机械手触摸屏监控要求，为满足触摸屏监控要求，需设计如图 4-113 所示的触摸屏监控界面，并根据要求进行相关步骤进行连接设置。

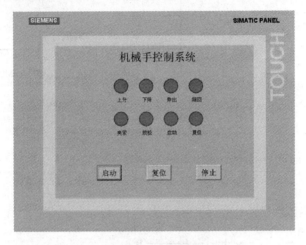

图 4-113　监控界面

1. 触摸屏编辑步骤

1）进入"SIMATIC WinCC flexible 2007"软件，选择"使用项目向导创建一个新项目"，选择"小型设备"，单击"下一步"按钮，在"HMI 设备"选项中单击"…"进入对话框，根据采用的实际设备，选择"TP 270 10″"触摸屏，单击"确定"按钮。

2）在"连接"选项中选择"1F1 B"。

3）在"控制器"选项中单击"▼"，在下拉菜单中选择"SIMATIC S7 200"，单击"下一步"按钮，进入如图 4-114 所示的对话框。

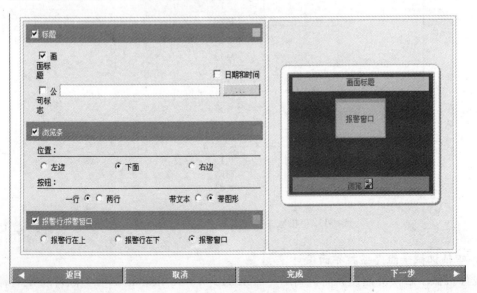

图 4-114　模板页的设计

4）如果需要标题，在"标题"选项中打"√"；如果需要浏览条，在"浏览条"选项中打"√"；如果需要报警行/报警窗口，在"报警行/报警窗口"选项中打"√"。设置完成后单击"完成"按钮进入软件主界面，如图 4-115 所示。

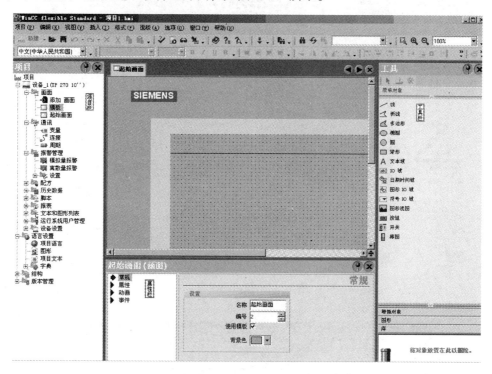

图 4-115　软件主界面

2. 通信参数的设置

在"项目"栏中单击"通讯"项下的"连接"项，进入通信参数的设置界面。在基本界面中的第一行双击，"名称"项输入"S7-200"或其他名称；在"通讯驱动程序"项单击"▼"选择"SIMATIC S7 200"。在属性栏中，"配置文"选择"PPI"，"主站数"设置为"1"。在"HMI 设备"中选择类型为"Simatic"；设置波特率为"187500"，地址为"1"；在"总线上的唯一主站"前打"√"。在"PLC 设备"项中"地址"设为"2"，该设置与 PLC 设置必须一致，否则无法通信。

3. 变量的连接

在"项目"栏中双击"通讯"项下的"变量"项，进入变量的连接的界面。

双击变量界面中的空行，输入变量名称"启动"，在连接栏中选择"S7-200"，在"数据类型"选择"Bool"，在地址栏输入"M0.0"（对应 PLC 的 I0.0 输入），采集周期选择"1s"。同样的方法设置"停止"等变量。

4. 触摸屏按钮和指示灯的制作

双击项目栏中的"画面"下的"起始画面"，在工具栏的简单对象中先单击一下"按钮"，再在当前正在编辑的画面中单击一下，按钮就添加到画面中，如图 4-116 所示。在画面中双击"按钮"弹出如图 4-117 所示的属性对话框，在文本中输入"启动"。如果字体太大，单击"属性"，展开属性菜单后再单击"文本"，选择适合的字体，如图 4-118 所示。

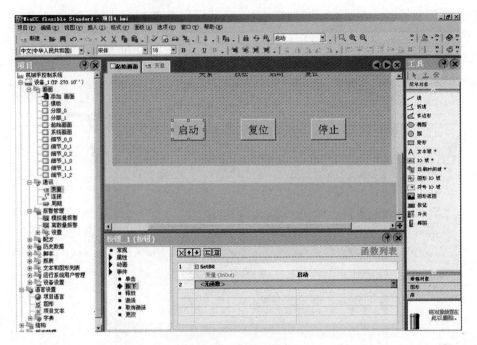

图 4-116　按钮的制作

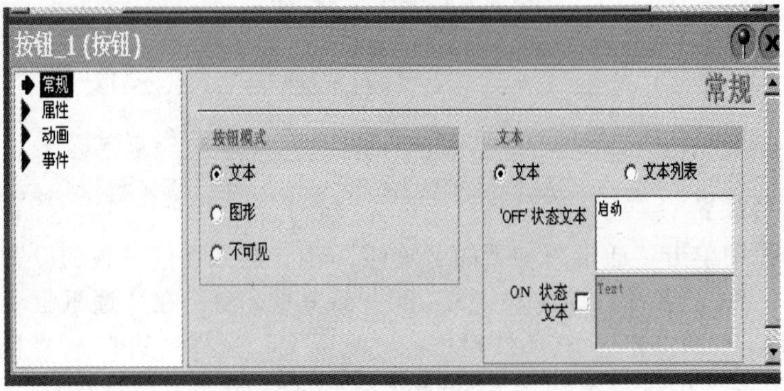

图 4-117　按钮属性框

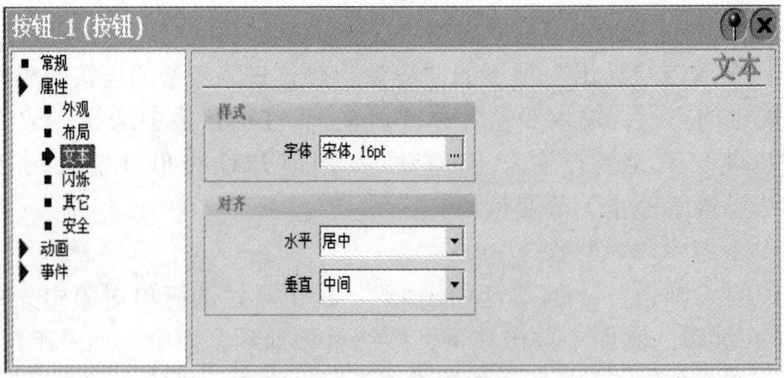

图 4-118　按钮的字体选择

双击项目栏中的"画面"下的"起始画面"，在工具栏的简单对象中先单击一下"圆"，再在当前正在编辑的画面中单击一下，电动机就添加到画面中，图4-119所示。如果字体太大，单击"属性"，展开属性菜单后再单击"文本"，选择适合的字体。在属性中选择"填充颜色"为"红色"。

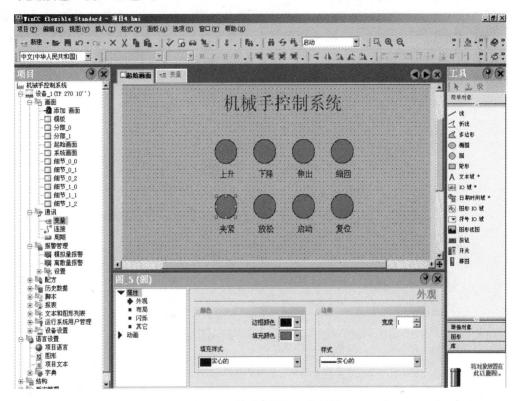

图4-119　触摸屏指示灯的制作

第十节　龙门刨床拖动系统控制

龙门刨床主要用来加工各种平面、斜面、槽，更适合于加工大型而狭长的工件，如机床床身、横梁、立柱、导轨和箱体等。本任务采用西门子控制器对龙门刨床的主拖动系统进行改造。由原来的直流驱动改为交流变频驱动，实现基于现代控制器的参数控制，使系统较大程度地简约化，具有柔性、易维护、可靠性高、节约资源等特点。

一、控制要求

根据龙门刨床主拖动系统的控制要求，采用PLC和变频器对龙门刨床主拖动系统进行改造，控制要求如下：

1）能按规定的龙门刨床工作台速度曲线完成自动往复循环。

2）调整机床时，工作台能以较低的速度"步进"或"步退"。

3）工作台停止时有制动，防止"爬行"。

4）磨削时应低速。

5）有必要的联锁保护。

6）编制 PLC 控制程序。

7）利用触摸屏对系统进行监控。

二、龙门刨床的结构与原理

龙门刨床主拖动系统通常采用电动机扩大机调速系统。电动机扩大机由交流电动机 MB 拖动，其输出电压给发电机 G1 的励磁绕组供电，而交流电动机 MA 则拖动发电机 G1 和励磁机 G2，它们又分别给直流电动机的电枢和励磁绕组供电，通过控制电路实现对直流电动机进行调速控制，其系统组成如图 4-120 所示。

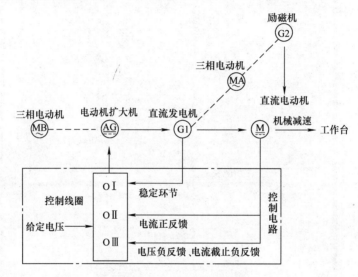

图 4-120　主拖动系统组成

从龙门刨床主拖动系统的组成可知，其刨台拖动系统采用 G—M（发电机—电动机组）调速系统。该调速系统结构比较复杂，尽管直流电动机在额定转速以上，可以进行具有恒功率性质的弱磁调速，但由于在弱磁调速时无法利用电流反馈和速度反馈环节来改善机械特性，故不能用于切削过程中。同时，该系统中的电动机功率比负载实际所需功率要大很多，能量消耗大。另外，由于调速系统结构复杂，从而带来故障率高、维护保养工作量大等缺点。

根据变频调速理论可知，当频率低于额定频率时，电动机调速具有恒转矩输出特性，而当高于额定频率时，电动机电压不能升高，具有恒功率输出特性。因此，采用变频调速时，电动机的机械特性曲线刚好与刨台运动所对应的特性曲线相符合。由此可见，适宜于采用变频调速对龙门刨床主拖动系统进行改造，并可使电动机的工作频率适当提高至额定频率以上。

1. 龙门刨床基本结构

龙门刨床的结构如图 4-121 所示，主要由以下七个部分组成。

1）机座：是一个箱形体，上有 V 形和 U 形导轨，用于安置工作台。

2）工作台：也叫做刨台，用于安置工件。下面有传动机构，可沿着床身的导轨作往复运动。

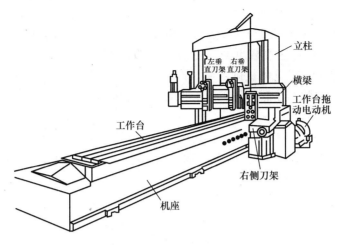

图 4-121　龙门刨床的结构

3）立柱：用于安置横梁及刀架。

4）横梁：用于安置垂直刀架，在切削过程中严禁动作，仅在更换工件时移动，用以调整刀架的高度。

5）垂直刀架：安装在横梁上，可沿水平方向移动，刨刀也可沿刀架本身的导轨垂直移动。

6）左、右侧刀架：安置在立柱上，可上、下移动。

7）拖动电动机：用于拖动工作台的往复循环运动。

2. 龙门刨床的运动

1）主运动：工作台的往复运动。

2）进给运动：刀具垂直于主运动的运动。

3）辅助运动：横梁的夹紧、放松及升降。

3. 拖动系统的要求

1）调速范围：通常采用直流电动机调压调速，并加一级机械变速，使工作台调速范围达 1:20，工作台低速挡的速度为 6~60m/min，高速挡为 9~90m/min。

2）静差率：要求负载变动时，工作台速度的变化在允许范围内。龙门刨床的静差率一般要求为 0.05~0.1，B2012A 型龙门刨床为 0.1。

3）工作台往复运动中的速度能根据要求相应变化：刀具慢速切入（工作台开始前进时速度要慢，避免刀具切入工件时的冲击使刀具崩裂）、刨削加工恒速（刀具切入工件后，工作台速度增加到规定值，并保持恒定，使得工件表面均匀光滑）和刀具慢速退出（行程末尾工作台减速，刀具慢速离开工件，防止工件边缘剥落，减小工作台对机械的冲击）。除此之外，还包括快速返回和缓冲过渡过程，其速度曲线如图 4-122 所示。

4）调速方案能满足负载性质的要求：转速 $n<25$r/min 时输出转矩恒定，转速 $n>25$r/min 时输出功率恒定，低速磨削时转速 $n=1$r/min。另外，工作台正反向过渡过程快，且有必要的联锁。

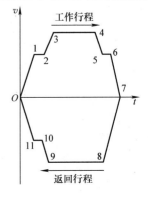

图 4-122　龙门刨床工作台速度曲线

4. 刨台运动的机械特性曲线

下面对刨台的运动特性分两种情况进行分析：

1）低速区：刨台运行速度较低时，刨刀允许的切削力由电动机的最大转矩决定。电动机确定后，即确定了低速加工时的最大切削力。因此，在低速加工区，电动机为恒转矩输出。

2）高速区：刨台运行速度较高时，切削力受机械结构的强度限制，允许的最大切削力与速度成反比。因此，电动机为恒功率输出。

主拖动系统直流电动机的运行机械特性曲线如图 4-123 所示。

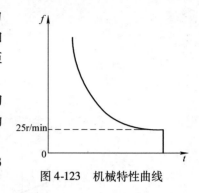

图 4-123　机械特性曲线

5. 工作台控制

1）工作台对电控系统的要求：调整机床时，工作台能以较低的速度"步进"或"步退"，能按规定的速度曲线完成自动往复循环；工作台停止时有制动，防止"爬行"；磨削时应低速；有必要的联锁保护。

2）工作台控制电路：在 B2012A 型龙门刨床的床身上装有 6 个行程开关，即前进减速 SQ1、前进换向 SQ2、后退减速 SQ3、后退换向 SQ4、前进终端 SQ5 和后退终端 SQ6。工作台侧面装有 A、B、C、D 4 个撞块，如图 4-124 所示。减速与换向时行程开关的状态见表 4-26。

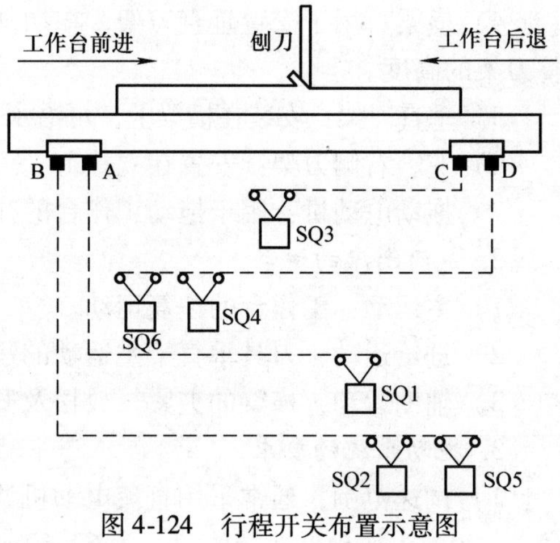

当主拖动机组起动完毕，横梁已经夹紧，油泵已经工作，并且机床润滑油供给情况正常时，工作台自动往返工作的控制电路将处于准备状态。

图 4-124　行程开关布置示意图

由表 4-26 可知，工作台停在返回行程终止位置时，SQ1—b、SQ2—b、SQ3—a 和 SQ4—a 触点是闭合的，SQ1—a、SQ2—a、SQ3—b 和 SQ4—b 触点是断开的。此时，若按下起动按钮，刨床工作台将按表 4-26 的规律运行，即正向起动慢速切入→工作进程→慢速退出→反向起动并快速退回→反向减速。

表 4-26　减速与换向时行程开关的状态

触点	状态	原位	加速	工进	减速	停止	快 速 退 回			减速	停止
前进减速	SQ1—a	−	−	−	+	+	+	−	−	−	−
行程开关	SQ1—b	+	+	+	−	−	−	+	+	+	+
前进换向	SQ2—b	+	+	+	+	−	+	+	+	+	+
行程开关	SQ2—a	−	−	−	−	+	−	−	−	−	−
后退减速	SQ3—a	+	−	−	−	−	−	−	−	+	+
行程开关	SQ3—b	−	+	+	+	+	+	+	+	−	−
后退换向	SQ4—b	−	+	+	+	+	+	+	+	+	−
行程开关	SQ4—a	+	−	−	−	−	−	−	−	−	+

注："＋"表示触点接通，"−"表示触点断开；"a"表示常开触点，"b"常闭触点。

三、程序设计

1. 变频调速系统的设计

（1）变频器的选择

1）变频器的型号。龙门刨床常常与铣削或磨削兼用，而铣削和磨削时的进刀速度约只有刨削时的百分之一，考虑到龙门刨床本身对机械特性的硬度和动态响应能力的要求较高，故要求拖动系统具有良好的低速运行性能。

综合各方面因素，本系统选用西门子公司生产的 MM420 系列变频器。该变频器即使工作在无反馈矢量控制的情况下，也能在 0.3Hz 时输出转矩达到额定转矩的 150%，能够满足拖动的要求。

2）变频器的容量。变频器的容量只需和配用电动机容量相符即可。

（2）变频调速方案　如果采用变频器对龙门刨床主拖动系统中的刨台进行速度控制，可以克服以上不足，系统框图如图 4-125 所示。

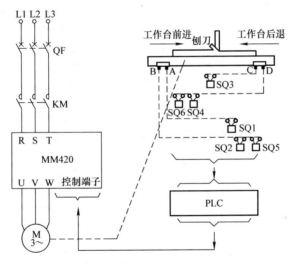

图 4-125　刨台变频调速系统框图

（3）设置变频器参数　根据龙门刨床主拖动系统的控制要求，变频器的参数设置见表 4-27。

表 4-27　参数设置

序　号	变频器参数	出　厂　值	设　定　值
1	P0003	1	3
2	P0004	0	0
3	P0700	2	2
4	P0701	1	17
5	P0702	12	17
6	P0703	9	17
7	P0704	0	0
8	P0725	1	1

（续）

序　号	变频器参数	出　厂　值	设　定　值
9	P1000	2	3
10	P1001	0.00	15.00
11	P1002	0.00	45.00
12	P1003	0.00	20.00
13	P1004	0.00	−50.00
14	P1005	0.00	−15.00
15	P1016	1	3
16	P1017	1	3
17	P1018	1	3

2. PLC 控制系统设计

（1）分配 PLC 输入/输出点　根据系统的控制要求，可以利用变频器的多段速度运行功能满足工作台往复运动时的速度要求。低速时用于刨刀切入、刨刀退出，中速时用于刨削加工，高速时用于空刀返回。PLC 输入/输出点分配见表 4-28。

表 4-28　PLC 输入/输出点分配

输　入　点			输　出　点	
外接元件	功　能	地　址	功　能	地　址
SB1	启动按钮	I0.0	交流接触器 KM	Q0.4
SB2	停止按钮	I0.7	DIN1	Q0.1
SQ1	前进减速行程开关	I0.1	DIN2	Q0.2
SQ2	前进换向行程开关	I0.2	DIN3	Q0.3
SQ3	后退减速行程开关	I0.3		
SQ4	后退换向行程开关	I0.4		
SQ5	前进终端行程开关	I0.5		
SQ6	后退终端行程开关	I0.6		

（2）画出系统接线图　根据表 4-28 所示的 PLC 输入/输出点分配，龙门刨床拖动系统接线如图 4-126 所示。

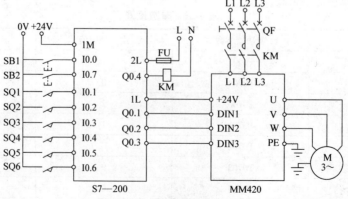

图 4-126　龙门刨床拖动系统接线

（3）设计 PLC 梯形图　使用 STEP7-Micro/Win32 编程软件编译梯形图，龙门刨床拖动系统 PLC 梯形图如图 4-127 所示。

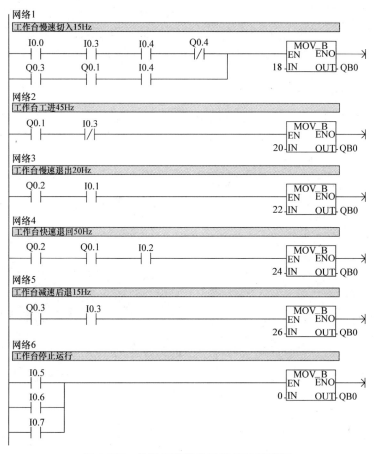

图 4-127　龙门刨床拖动系统 PLC 梯形图

（4）连接调试　控制程序编译成功后，将程序块下载到 PLC 主机，设置 S7-200 的 CPU 为 "RUN" 状态。改变各输入点的状态，观察圈 Q0.1、Q0.2、Q0.3 和 Q0.4 的状态是否符合要求。

1）工作台慢速切入控制：工作台处于原位，SQ3 和 SQ4 被压合（即 I0.3 和 I0.4 接通），按下启动按钮 SB1 时（即 I0.0 接通），PLC 输出继电器 Q0.4 为 "ON"，接触器 KM 得电吸合，变频器工作，Q0.1 为 "ON"，变频器数字输入端口 DIN1 为 "ON"，电动机以 15Hz 正转慢速前进。

2）工作台工进控制：工作台前进过程中，SQ3 和 SQ4 被释放后，PLC 输出继电器 Q0.2 为 "ON"，变频器数字输入端口 DIN2 为 "ON"，电动机以 45Hz 正转工进。

3）工作台慢速退出控制：工作台工进过程中压到 SQ1（即 I0.1 接通），PLC 输出继电器 Q0.1 和 Q0.2 为 "ON"，变频器数字输入端口 DIN1 和 DIN2 为 "ON"，电动机以 20Hz 正转慢速退出。

4）工作台快速退回控制：工作台慢速退出过程中压到 SQ2（即 I0.2 接通），PLC 输出继电器 Q0.3 为 "ON"，变频器数字输入端口 DIN3 为 "ON"，电动机以 50Hz 反转快速退回。

5）工作台减速后退控制：工作台快速成退回过程中压到 SQ3，PLC 输出继电器 Q0.1 和 Q0.3 为"ON"，变频器数字输入端口 DIN1 和 DIN3 为"ON"，电动机以 15Hz 反转减速退回。

6）工作台循环控制：工作台减速成退回过程中压到 SQ4，PLC 输出继电器 Q0.1 为"ON"，变频器数字输入端口 DIN1 为"ON"，电动机以 15Hz 正转慢速前进，实现循环控制。

7）停止控制：在任何时刻，工作台压到行程开关 SQ5、SQ6 和按下 SB2（即 I0.7 闭合），电动机均停止运行。

四、编制触摸屏用户画面

使用 SIMATIC WinCC flexible 2007 软件设计触摸屏的画面如图 4-128 和图 4-129 所示，连接好通信电缆，输入用户画面程序。程序和画面输入后，观察显示是否与计算机画面一致。

图 4-128　触摸屏主画面

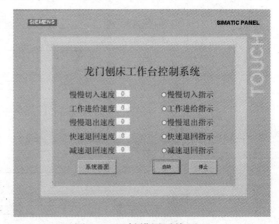

图 4-129　触摸屏系统画面

该控制界面主要由启动、停止、切换画面等功能组成。下面就 TP 270A—10 触摸屏软件安装、画面设计及参数设置、PLC 通信系统调试等逐一实施。

1. 基本对象组态

1）创建一个新项目并建立 S7-200 的连接。

2）画面组态。在项目视图中双击"画面/添加画面"，得到画面 2。在项目视图中，右键单击"画面/画面 1"，单击"重命名"，改名为"主画面"；同理，把画面 2 改名为"系统画面"，如图 4-130 所示。

图 4-130　画面重命名操作

在项目视图中双击"画面/模板",在模板画面中输入文本域"龙门刨床工作台控制系统",如图 4-131 所示。

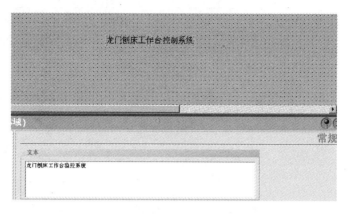

图 4-131　模板画面

选择主画面,用左键按住项目视图中的"系统画面",拖到主画面中,自动生成一个画面切换的按钮,如图 4-132 所示。

3)文本域与 IO 域组态。建立如图 4-133 所示的文本域"速度"和"指示",并建立启动、停止和切换至主画面的按钮。

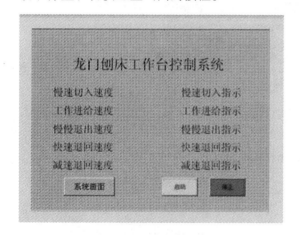

图 4-132　建立文本域

图 4-133　IO 域组态 1

在以上 10 个文本域的右侧组态 10 个 IO 域,操作步骤如下:单击工具栏中"简单对象/IO 域",在画面对应位置单击,就可创建 IO 域,如图 4-133 所示。

用鼠标单击第一个 IO 域,打开该 IO 域的属性窗口。在属性的常规项中设置模式为输入/输出,变量为工作台慢速切入速度值,格式样式为 999.999 等。用同样的方法设置其余 IO 域的属性,如图 4-134 所示。

在"工具"的"简单对象"中用左键拖住"圆"至画面中松开,并调整到合适大小。在它的属性窗口中,组态"动画/外观"属性,启用"变量_1",变量类型为"位",组态"变量_1"为 0 和 1 时的背景色分别为白色和红色,用同样的方法设置其余指示灯的属性,如图 4-135 所示。

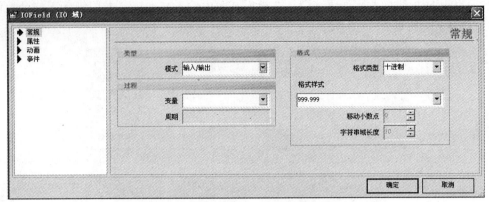

图 4-134　IO 域属性对话框

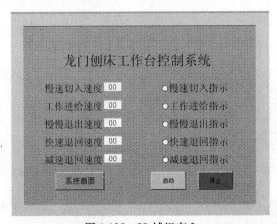

图 4-135　IO 域组态 2

4）设置各按键与 PLC 中软元件的对应关系。在上述步骤完成后，所有对象均通过变量地址属性的修改与 PLC 软元件建立对应关系见表 4-29。

表 4-29　触摸屏实时数据分配

对　象	名　称	颜　色		对应软元件
		OFF	ON	
开关	启动按钮 SB1			M0. 0
开关	停止按钮 SB2			M0. 7
开关	前进减速行程开关 SQ1			M0. 1
开关	前进换向行程开关 SQ2			M0. 2
开关	后退减速行程开关 SQ3			M0. 3
开关	后退换向行程开关 SQ4			M0. 4
开关	前进终端行程开关 SQ5			M0. 5
开关	后退终端行程开关 SQ6			M0. 6
指示灯	交流接触器	红色	绿色	Q0. 4
指示灯	DIN1	红色	绿色	Q0. 1
指示灯	DIN2	红色	绿色	Q0. 2
指示灯	DIN3	红色	绿色	Q0. 3

2. 下载程序

（1）下载 PLC 程序　首先利用匹配的通信电缆将 PLC、计算机、变频器和触摸屏连接成正确的通信方式，然后将里的梯形图送入 PLC。

（2）下载触摸屏程序　当触摸屏连接后依次出现对话框后，单击"Control panel"进入设备控制面板，单击控制面板中"Transfer"，当出现新对话框后，在"Channe2"中选择"Ethernet"然后单击"Advanced"按钮，进入"网络配置"对话框，单击"Properties"按钮，弹出"IP 地址设置"对话框，在该对话框中选择"Specify IP address"输入 IP 地址 192.168.56.198（也可以是其他 IP 地址），选择"Subnet Mask"输入子网掩码地址 255.255.255.0。

3. 调试

下载完成后，TP 270A 触摸屏约 5s 后进入"起始画面"，单击"启动"按钮，观察 PLC 的输出指示灯是否根据 PLC 程序点亮。

第十一节　物料检测生产线控制

自动化生产控制的自动分拣和传送控制系统，能对已加工的工件进行分拣和传输，该系统可由传送带与机械手配合组成物料自动分拣控制。

自动分拣控制系统的电气控制部分由上位计算机、传感器、光电控制器、变频器、电动机及继电器控制部分等构成。

一、控制要求

现有三类货物，分别是铁、铝、塑料材质的货料，每种材质各两个，每种货料均为正方体，在货料的各个侧面都涂有不同的颜色，分别为红色、黄色、绿色。为了能够检测出货物的类别，现配有颜色、电感、电容三个传感器。

1）系统首先能从若干个料块中检测出铁质的货料，标志为第一类货物；然后再从余下的 4 个料块中检测出铝质的货料，标志为第二类货物；最后对于塑料材质的货料，当其顶面（正方体的上底面）为黄色时，检测其为第三类货物，余下没有被以上传感器检测到的为第四种货物。

2）所有货物都从出料塔中进行装载，由系统自动移动到传送带上面，当系统检测到第一类货物时，将其放入到 1 号仓库；当系统检测到第二类货物时，将其放入到 2 号仓库；当系统检测到第三类货物时，将其放入到 3 号仓库；当此货物没有被以上传感器检测到时，将其放入到 4 号仓库。

3）系统通电后，下料传感器检测料槽有无物料。若无料，输送带电动机不运转，等待上料；当料槽有下料时，下料传感器输出信号给 PLC，PLC 控制输送带电动机带动传送带运转。物料传感器 1 为电感传感器，当检测出物料为铁质物料时，反馈信号送到 PLC 上，由 PLC 控制气动阀 1 动作选出该物料；物料传感器 2 为电容传感器，当检测出物料为铝质物料时，反馈信号送 PLC 上，PLC 控制气动阀 2 动作选出该物料；物料传感器 3 为颜色传感器，当检测出物料的颜色为待检测颜色时，PLC 控制气动阀 3 动作选出该物料；其他物料由 PLC 控制气动阀 4 动作选出。同时，利用计数器计数各类物料的数量。该单元模拟了实际生产中的物料传送系统。接受到料槽的工件后，通过变频器驱动传送带，拖动物料以 45Hz 频率运行。当传送带拖动物料到达 1 号仓库位置时，变频器减速拖动物料传送带以 30Hz 频率运行，到达 2 号仓库位置停止完成传送过程。

二、系统设计

根据系统的控制要求、设计 PLC 程序，设定变频器参数，组态触摸屏画面。

1. PLC 控制系统设计

（1）I/O 地址分配　根据系统控制要求，进行 I/O 地址分配，I/O 分配表见表 4-30。

表 4-30　I/O 地址分配

西门子 PLC（I/O）		分拣系统接口（I/O）	备　　注
输入部分	I2.5	SFW1（推气缸 1 动作限位）	
	I0.1	SFW2（推气缸 2 动作限位）	
	I0.2	SFW3（推气缸 3 动作限位）	
	I0.3	SFW4（推气缸 4 动作限位）	
	I0.4	SFW5（下料气缸动作限位）	
	I0.5	SA（电感传感器）	
	I0.6	SB（电容传感器）	
	I0.7	SC（颜色 1 传感器）	
	I1.0	SBW1（推气缸 1 回位限位）	
	I1.1	SBW2（推气缸 2 回位限位）	
	I1.2	SBW3（推气缸 3 回位限位）	
	I1.3	SBW4（推气缸 4 回位限位）	
	I1.4	SBW5（下料气缸回位限位）	
	I1.5	SD（颜色 2 传感器）	预留传感器
	I2.4	SN（下料传感器）	判断下料有无
输出部分	Q0.0	YV1（推气缸 1 电磁阀）	
	Q0.1	YV2（推气缸 2 电磁阀）	
	Q0.2	YV3（推气缸 3 电磁阀）	
	Q0.3	YV4（推气缸 4 电磁阀）	
	Q0.4	YV5（下料气缸电磁阀）	
	Q0.5	STF（正转启动）	
	Q0.6	RH	
	Q0.7	RM	

（2）画出系统接线　根据表 4-30 中 PLC 输入/输出信号地址分配，进行 PLC 及变频器主、控电路的连接。物料检测生产线控制系统接线如图 4-136 所示。

（3）编制程序

1）程序流程图。根据系统的要求，现设计系统的流程图如图 4-137 所示。

① 当系统通电时，各个动作机构回到初始位置，各个气缸处于回位限位状态，传送带开始运行。

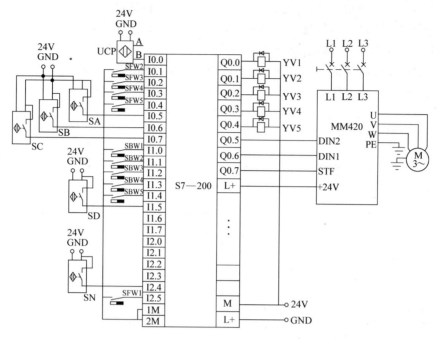

图 4-136　物料检测生产线控制系统接线

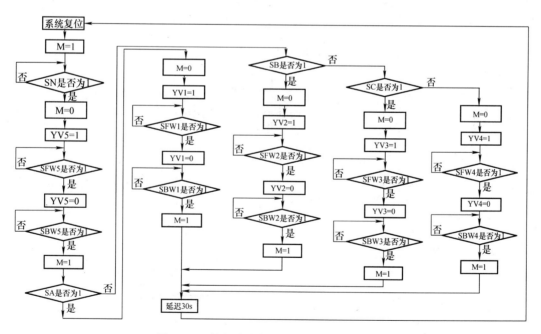

图 4-137　物料检测生产线控制系统的流程图

② 当向出料塔中装载货料时，下料传感器 SN 输出信号，传送带停止运行，下料气缸 YV5 动作，将货物推到传送带上面。

③ 传送带动作，将货物送到传感器检测区，当电感传感器输出信号时，1 号推气缸动作，将货物送到 1 号仓库。

④ 当电容传感器输出信号时，2 号推气缸动作，将货物送到 2 号仓库。

⑤ 当颜色传感器输出信号时，3 号推气缸动作，将货物送到 3 号仓库。

⑥ 当所有传感器都没有输出信号时，4 号推气缸动作，将货物送到 4 号仓库。

⑦ 当传送带上没有货物时，运行一段时间后系统复位。

⑧ 当推气缸动作时，传送带停止运行，直到气缸处于回位状态。

2）PLC 梯形图。使用 STEP7-Micro/Win32 编程软件编译 PLC 梯形图，物料检测生产线控制系统 PLC 梯形图如图 4-138 所示。

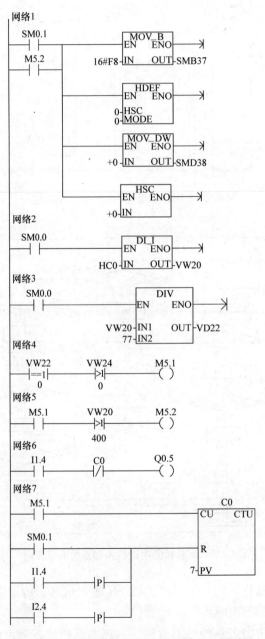

图 4-138　物料检测生产线控制系统 PLC 梯形图

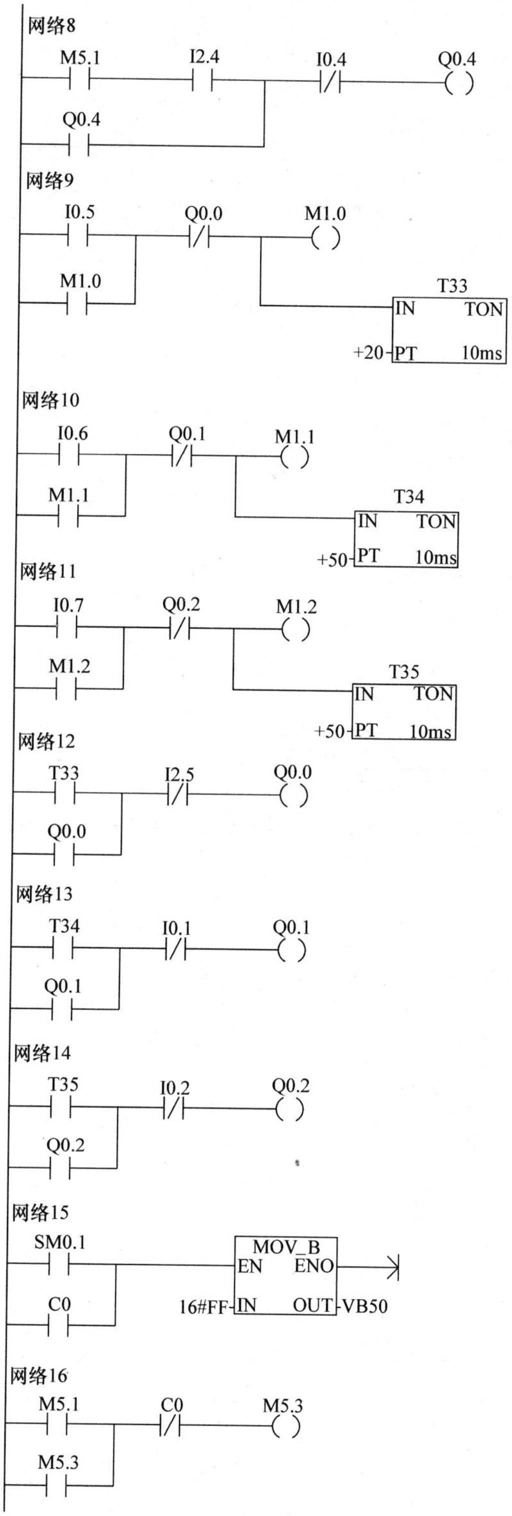

网络8

```
M5.1      I2.4          I0.4        Q0.4
─┤├───────┤├───┬────────┤/├────────( )
                │
Q0.4           │
─┤├────────────┘
```

网络9

```
I0.5      Q0.0        M1.0
─┤├───┬────┤/├─────────( )
      │
M1.0  │                        T33
─┤├───┘              ┌──────────────┐
                     │IN        TON │
                     │              │
                  +20┤PT       10ms │
                     └──────────────┘
```

网络10

```
I0.6      Q0.1        M1.1
─┤├───┬────┤/├─────────( )
      │
M1.1  │                        T34
─┤├───┘              ┌──────────────┐
                     │IN        TON │
                     │              │
                  +50┤PT       10ms │
                     └──────────────┘
```

网络11

```
I0.7      Q0.2        M1.2
─┤├───┬────┤/├─────────( )
      │
M1.2  │                        T35
─┤├───┘              ┌──────────────┐
                     │IN        TON │
                     │              │
                  +50┤PT       10ms │
                     └──────────────┘
```

网络12

```
T33       I2.5        Q0.0
─┤├───┬────┤/├─────────( )
      │
Q0.0  │
─┤├───┘
```

网络13

```
T34       I0.1        Q0.1
─┤├───┬────┤/├─────────( )
      │
Q0.1  │
─┤├───┘
```

网络14

```
T35       I0.2        Q0.2
─┤├───┬────┤/├─────────( )
      │
Q0.2  │
─┤├───┘
```

网络15

```
SM0.1             ┌──────────────┐
─┤├───┬───────────│MOV_B         │
      │           │EN        ENO ├──→
C0    │           │              │
─┤├───┘      16#FF┤IN        OUT ├─VB50
                  └──────────────┘
```

网络16

```
M5.1      C0          M5.3
─┤├───┬────┤/├─────────( )
      │
M5.3  │
─┤├───┘
```

图 4-138 物料检测生产线控制系统 PLC 梯形图（续）

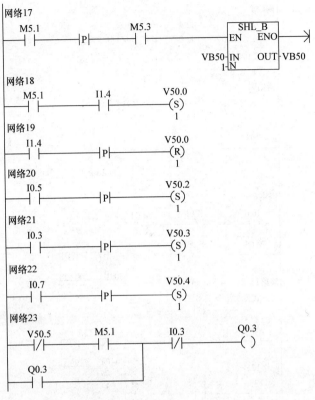

图 4-138　物料检测生产线控制系统 PLC 梯形图（续）

2. 设置变频器参数

复位变频器工厂默认值，P0010＝30 和 P0970＝1，按下 P 键，开始复位，这样就保证了变频器的参数恢复到工厂默认值，参数功能表见表 4-31。

表 4-31　参数功能表

序　号	变频器参数	出　厂　值	设　定　值
1	P0304	230	380
2	P0305	3.25	0.3
3	P0307	0.75	0.1
4	P0310	50.00	50.00
5	P0311	0	1420
6	P1000	2	6
7	P1080	0	0
8	P1082	50	50.00
9	P1120	10	10
10	P1121	10	10
11	P0700	2	2
12	P0701	1	17

（续）

序　号	变频器参数	出　厂　值	设　定　值
13	P0702	12	17
14	P0703	9	17
15	P1001	0.00	10.00
16	P1002	5.00	20.00
17	P1003	10.00	45.00
18	P1004	15.00	15.00
19	P1005	20.00	−50.00
20	P1006	25.00	−25.00

3. 编制触摸屏用户画面

使用 SIMATIC WinCC flexible 2007 软件设计触摸屏的监控界面如图 4-139 和图 4-140 所示，连接好通信电缆，输入用户画面程序。程序和画面输入后，观察显示是否与计算机画面一致。

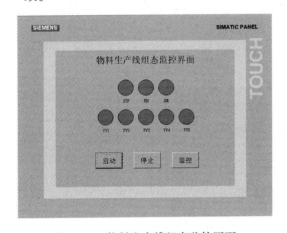

图 4-139　物料生产线组态监控画面

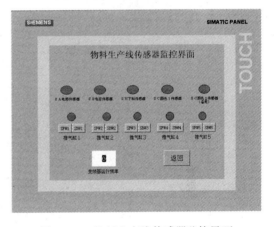

图 4-140　物料生产线传感器监控界面

（1）触摸屏编辑步骤

1）进入"SIMATIC WinCC flexible 2007"软件，选择"使用项目向导创建一个新项目"，选择"小型设备"，单击"下一步"按钮，在"HMI 设备"选项中单击"…"进入对话框，根据采用的实际设备，选择"TP 270 10""触摸屏，单击"确定"按钮。

2）在"控制器"选项中单击"▼"，在下拉菜单中选择"SIMATIC S7 200"，单击"下一步"按钮，进入如图 4-141 所示的对话框。

如果需要标题，在"标题"选项中打"√"；如果需要浏览条，在"浏览条"选项中打"√"；如果需要报警行/报警窗口，在"报警行/报警窗口"选项中打"√"。设置完成后单击"完成"按钮进入软件主界面，如图 4-142 所示。

（2）通信参数的设置　在"项目"栏中单击"通讯"项下的"连接"项，进入通信参数的设置界面。双击基本界面的第一行，"名称"项输入"S7-200"或其他名称；在"通讯驱动程序"项单击"▼"选择"SIMATIC S7 200"。在属性栏中，"配置文"选择"PPI"，

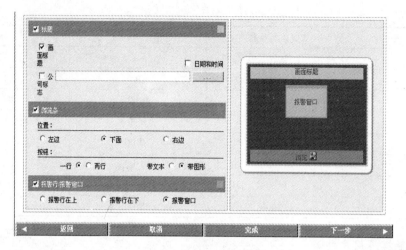

图 4-141　模板页的设计

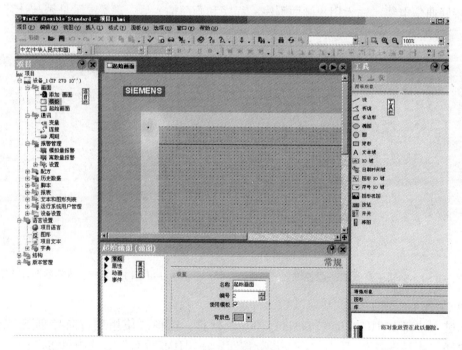

图 4-142　软件主界面

"主站数"设置为"1"。在"HMI 设备"中选择类型为"Simatic";设置波特率为"187500",地址为"1";在"总线上的唯一主站"前打"√"。在"PLC 设备"项中"地址"设为"2",该设置与 PLC 设置必须一致,否则无法通信。

（3）变量的连接　在"项目"栏中双击"通讯"项下的"变量"项,进入如图 4-143 所示的界面。

双击变量界面中的空行,输入变量名称"启动"在连接栏中选择"S7-200",在"数据类型"选择"Bool",在地址栏输入"I0.0"（对应 PLC 的 I0.0 输入）,采集周期选择"1s"。同样的方法设置"停止"的变量,如图 4-143 所示。

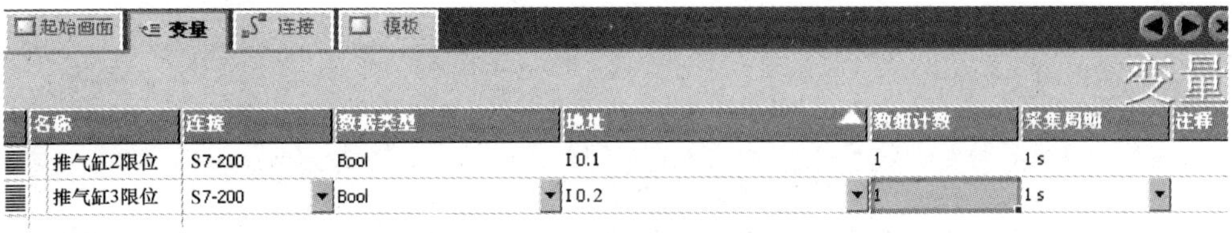

名称	连接	数据类型	地址	数组计数	采集周期	注释
推气缸2限位	S7-200	Bool	I0.1	1	1 s	
推气缸3限位	S7-200	Bool	I0.2	1	1 s	

图 4-143 变量界面

（4）触摸屏按钮和指示灯的制作　双击项目栏中的"画面"下的"起始画面"，在工具栏的简单对象中先单击一下"按钮"，再在当前正在编辑的画面中单击一下，按钮就添加到画面中，如图 4-144 所示。在画面中双击"按钮"弹出属性对话框，在文本中输入"停止"。如果字体太大，单击"属性"，展开属性菜单后再单击"文本"，选择适合的字体，如图 4-145 所示。

图 4-144 按钮的制作

图 4-145 按钮的字体选择

双击项目栏中的"画面"下的"起始画面"，在工具栏的简单对象中先单击一下"圆"，再在当前正在编辑的画面中单击一下，电动机就添加到画面中，图 4-146 所示。如果字体太大，单击"属性"，展开属性菜单后再单击"文本"，选择适合的字体。在属性中选择"填充颜色"为"红色"。

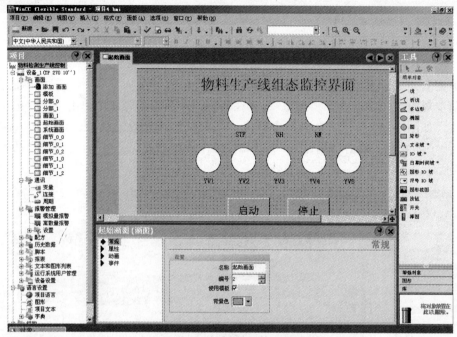

图 4-146　触摸屏指示灯的制作

（5）设置各按键与 PLC 中软元件的对应关系　在上述步骤完成后，所有对象均通过变量地址属性的修改与 PLC 软元件建立对应关系见表 4-32。

表 4-32　实时数据分配

输　入		输　出	
SFW1（推气缸 1 动作限位）	I2.5	YV1（推气缸 1 电磁阀）	Q0.0
SFW2（推气缸 2 动作限位）	I0.1	YV2（推气缸 2 电磁阀）	Q0.1
SFW3（推气缸 3 动作限位）	I0.2	YV3（推气缸 3 电磁阀）	Q0.2
SFW4（推气缸 4 动作限位）	I0.3	YV4（推气缸 4 电磁阀）	Q0.3
SFW5（下料气缸动作限位）	I0.4	YV5（下料气缸电磁阀）	Q0.4
SA（电感传感器）	I0.5	STF（正转启动）	Q0.5
SB（电容传感器）	I0.6	RH	Q0.0
SC（颜色 1 传感器）	I0.7	RM	Q0.1
SBW1（推气缸 1 回位限位）	I1.0		
SBW2（推气缸 2 回位限位）	I1.1		
SBW3（推气缸 3 回位限位）	I1.2		
SBW4（推气缸 4 回位限位）	I1.3		
SBW5（下料气缸回位限位）	I1.4		
SD（颜色 2 传感器）	I1.5		
SN（下料传感器）	I2.4		
启动	M3.0		
停止	M3.1		

（6）下载程序

1）下载 PLC 程序。首先利用匹配的通信电缆将 PLC、计算机和触摸屏连接成正确的通信方式，然后将物流检测生产线控制系统梯形图送入 PLC。

2）下载触摸屏程序。当触摸屏连接后依次出现对话框后，单击"Control panel"进入设备控制面板，单击控制面板中"Transfer"，当出现新对话框后，在"Channe2"中选择"Ethernet"，然后单击"Advanced"按钮，进入"网络配置"对话框，单击"Proper-ties"按钮，弹出"IP 地址设置"对话框，在该对话框中选择"Specify IP address"输入 IP 地址 192.168.56.198（也可以是其他 IP 地址），选择"Subnet Mask"输入子网掩码地址 255.255.255.0。

（7）调试 下载完成后，TP 270A 触摸屏约 5s 后进入"起始画面"，单击"启动"按钮，观察 PLC 的输出指示灯是否按照 PLC 梯形图而点亮。

参 考 文 献

[1] 肖明耀. 可编程控制技术 [M]. 北京：中国劳动社会保障出版社，2004.

[2] 岳庆来. 变频器、可编程序控制器及触摸屏综合应用技术 [M]. 北京：机械工业出版社，2006.

读者信息反馈表

感谢您购买《触摸屏实用技术（西门子）》一书。为了更好地为您服务，有针对性地为您提供图书信息，方便您选购合适图书，我们希望了解您的需求和对我社图书的意见和建议，愿这小小的表格为我们架起一座沟通的桥梁。

姓　　名		所在单位名称	
性　　别		所从事工作（或专业）	
通信地址		邮　编	
办公电话		移动电话	
E- mail			

1. 您选择图书时主要考虑的因素：（在相应项前面画√）
（　）出版社　　（　）内容　　（　）价格　　（　）封面设计　　（　）其他
2. 您选择我们图书的途径（在相应项前面画√）
（　）书目　　（　）书店　　（　）网站　　（　）朋友推介　　（　）其他

希望我们与您经常保持联系的方式：
　　　　　　　　□ 电子邮件信息　　□ 定期邮寄书目
　　　　　　　　□ 通过编辑联络　　□ 定期电话咨询

您关注（或需要）哪些类图书和教材：

您对我社图书出版有哪些意见和建议（可从内容、质量、设计、需求等方面谈）：

您今后是否准备出版相应的教材、图书或专著（请写出出版的专业方向、准备出版的时间、出版社的选择等）：

非常感谢您能抽出宝贵的时间完成这张调查表的填写并回寄给我们，我们愿以真诚的服务回报您对我社的关心和支持。

请联系我们——

地　　址　北京市西城区百万庄大街 22 号　机械工业出版社技能教育分社
邮　　编　100037
社长电话　（010）88379080　88379083　68329397（带传真）
E- mail　jnfs@ mail. machineinfo. gov. cn